COURS DE DESSIN

ET

NOTIONS DE GÉOMÉTRIE

A L'USAGE DES ÉCOLES PRIMAIRES ET DES CLASSES ÉLÉMENTAIRES
DES LYCÉES ET DES COLLÈGES

d'après les nouveaux programmes officiels

PAR

A. BOUGUERET

AGRÉGÉ DE L'ENSEIGNEMENT SPÉCIAL, PROFESSEUR DE DESSIN AU LYCÉE SAINT-LOUIS ET A L'ÉCOLE MUNICIPALE SUPÉRIEURE J.-B. SAY

DEUXIÈME PARTIE

LES SOLIDES

PARIS

LIBRAIRIE HACHETTE ET CIE

79, BOULEVARD SAINT-GERMAIN, 79

1881

PLANCHE XXIV

La planche XXIV commence la 2e partie du *Cours*, relative à la représentation des figures planes et des volumes dans leur apparence (*Perspective*) et à la représentation des volumes en vraie grandeur (*Projection*).

Les élèves de neuvième ne pourront que copier quelques exercices de *perspective approximative*. On leur donnera les explications nécessaires pour qu'ils comprennent les figures et l'on placera sous leurs yeux, dans différentes positions, les objets qu'ils devront représenter, toutes les fois que ce sera possible.

Les élèves de huitième feront tous les exercices de perspective en suivant la méthode approximative employée dans les quatre premières planches et sans faire usage des projections.

Les élèves de septième feront d'abord 4 planches de perspective approximative, puis 8 planches de *perspective exacte*, avec l'aide des projections.

CLASSE DE HUITIÈME

GÉOMÉTRIE

Leçon. — Le cours de géométrie, dans la classe de huitième, se terminera par une comparaison de quelques mesures anciennes de longueur et de surface avec les mesures actuelles ; par une revision des matières étudiées dans le premier semestre et par des problèmes numériques et graphiques faciles à résoudre.

Revision des planches I et II.

L'unité de longueur employée avant le mètre était la *toise*, qui se divisait en 6 *pieds ;* le pied se divisait en 12 *pouces ;* le pouce, en 12 *lignes*, et la ligne, en 12 *points*. Il y avait encore la *perche* valant 18 pieds à Paris et 22 pieds dans le reste de la France ; la *lieue de poste* valant 2000 toises ; la *lieue géographique* valant 2280t,33 ; la *lieue marine* valant 2850 toises ; le *mille marin*, qui était égal au tiers de la lieue marine ; la *brasse* valant 5 pieds, et le *nœud*, qui était égal à 1/120 du mille marin.

Devoir. — Résoudre les problèmes suivants :

Problème I. — Quelle est en mètres, décimètres et centimètres la longueur de toutes les anciennes mesures, sachant que la toise vaut environ $1^{m},95$?

Problème II. — Un homme a 5 pieds 4 pouces 6 lignes. Quelle est sa taille en centimètres ?

Problème III. — Tracer une ligne brisée, formée de 4 droites ayant 26, 32, 35 et 43^{mm} et faisant 3 angles de 120°, 150° et 60°, puis rectifier cette ligne brisée de manière à n'avoir qu'une ligne droite.

CLASSE DE SEPTIÈME

GÉOMÉTRIE

Leçon. — Le cours de géométrie, dans la classe de septième, se terminera par l'étude de quelques solides géométriques et par des problèmes d'applications.

Présenter aux élèves un décimètre cube et un centimètre cube exécutés en bois, en carton ou en métal, et les dessiner au tableau.

Le *cube* est un solide régulier dont les six faces sont des carrés égaux.

Si l'on considère 2 faces réunies par une arête du cube, on voit qu'elles forment un *angle solide*, appelé *dièdre*. On peut compter 12 dièdres et 12 arêtes dans un cube. Tous ces angles dièdres sont droits.

Si l'on considère 3 faces réunies en un coin du solide, on a un angle solide appelé *trièdre*. Il y a 8 trièdres dans le cube.

On peut tracer dans un cube 4 *diagonales*, qui se rencontrent en un point intérieur appelé *centre du cube*. Il ne faut pas confondre les quatre diagonales du cube avec les douze diagonales que l'on peut tracer sur les six faces.

Devoir. — Rapporter sur copie les définitions relatives au cube avec la solution des problèmes précédents.

CLASSES DE NEUVIÈME, HUITIÈME ET SEPTIÈME

DESSIN

PERSPECTIVE APPROXIMATIVE

EXPOSÉ DE LA MÉTHODE

1° Lorsqu'un observateur est placé à l'extrémité d'une longue avenue bordée d'arbres, il lui semble que la ligne des sommets s'abaisse en s'éloignant tandis que la ligne des pieds s'élève. Ces deux lignes tendent à se rencontrer en un point situé à la hauteur de l'œil et appelé *point de fuite*.

Ce point de fuite se trouve sur une ligne horizontale appelée la *ligne d'horizon*.

La même illusion a lieu quand on considère une rangée de maisons ayant la même façade. Si, par exemple, un observateur se trouve à l'extrémité de la rue de Rivoli, à Paris, du côté de la place de la Concorde, il lui semblera que les lignes formées par les arêtes saillantes du chapiteau des piliers, par les balcons, par les côtés horizontaux des fenêtres, s'abaissent, tandis que l'arête du trottoir paraît s'élever. Toutes ces lignes iraient converger vers un point de fuite, situé du côté de la place de la Bastille, à la hauteur de l'œil.

Une seule ligne ne subirait aucune inclinaison : ce serait une horizontale tracée sur les murs de façade, à la hauteur de l'œil.

2° Si l'on considère d'autres lignes parallèles venant dans des directions variables, on remarque que chaque faisceau converge vers un point de fuite particulier, situé également sur la ligne d'horizon.

3° Si l'on considère des lignes horizontales en se plaçant en face, elles sembleront toujours horizontales. Ce sont des *lignes de front*.

4° De même, des lignes verticales paraîtront toujours verticales, mais elles diminueront de longueur en s'éloignant, et elles se rapprocheront les unes des autres.

La *perspective* a précisément pour but de représenter les lignes formant le contour des objets dans leur apparence, c'est-à-dire avec toutes les déformations qui frappent la vue d'un observateur attentif.

Nous allons d'abord faire de la perspective *approximative* d'après la méthode employée avec un grand succès à l'école de la Martinière, à Lyon, en donnant quelques procédés élémentaires et rapides, qui permettront de représenter à vue des solides géométriques et des objets usuels de forme simple. Plus tard, nous mettrons en perspective *exacte* des figures représentées, au préalable, par la méthode des projections.

Deux problèmes se posent immédiatement : 1° Une ligne étant donnée, soit sur le tableau, soit sur un objet, reconnaître si cette ligne a de la pente ; 2° évaluer cette pente.

Dans le premier cas, après avoir fermé un œil, on tend à bout de bras une droite horizontale, une règle ou un bâton, en alignant une extrémité avec l'extrémité la plus rapprochée de la ligne. On voit de suite s'il y a de la pente et quel est le sens de la pente.

Dans le second cas, on compare la *distance horizontale* des extrémités de la ligne avec la *distance verticale*, en prenant pour terme de comparaison un bâtonnet ou un crayon.

« Le principe de la méthode, dit M. Hirsch, professeur à l'école de la Martinière, consiste à ramener tous les tracés à des lignes droites horizontales et verticales, dont on compare les grandeurs. Pour faire cette comparaison, l'élève tient à bras tendu son crayon, et s'en sert comme d'une mire; il le projette d'abord sur la ligne la plus courte, l'extrémité du crayon correspondant à l'une des extrémités de la ligne, et il marque sur le crayon avec l'ongle de son pouce le point correspondant à l'autre extrémité de la ligne à mesurer; cette mesure ainsi prise est reportée sur la ligne la plus longue, de manière à apprécier le rapport des longueurs des deux lignes. L'habitude de faire ces comparaisons est promptement acquise.

« Les rapports ou proportions ainsi trouvés sont reproduits sur le dessin à exécuter. Pour la pratique de l'enseignement, une fois les modèles mis en place, le professeur donne aux élèves la dimension principale de leur dessin ; il leur explique, au tableau, les lignes qu'ils devront considérer, et les proportions qu'ils devront mesurer, pour arriver à compléter leur tracé.

« Il est indispensable, pour obtenir des résultats prompts et certains, de procéder toujours du simple au composé, et de ne passer à un nouvel exercice que lorsque l'exercice précédent est exécuté avec une promptitude et une précision irréprochables. » (*Dictionnaire de Pédagogie*, 2e partie, page 1556.)

1er Exercice. — Reproduire une ligne de front et une verticale de 40mm; tracer des lignes AB, CD et EF ayant respectivement une pente de 1 sur 4, de 5 sur 2 et de 1 sur 1.

Toutes ces positions sont tracées au tableau noir par le professeur.

Pour compléter cet exercice, le professeur tiendra une tige et il l'inclinera dans différentes positions. Les élèves reproduiront cette tige suivant une longueur donnée, et chacun avec la pente qu'il verra, en comparant toujours l'horizontale tracée par l'extrémité inférieure avec la verticale tracée par l'extrémité supérieure.

2e Exercice. — Tracer 5 lignes de front ayant 40mm, distantes de 10mm, et réunies par 2 verticales.

(*A suivre.*)

Mars. *Note et Visa du professeur.* Nom de l'élève.

PLANCHE XXV

Nous avons indiqué, dans la planche XXIV, la marche qui nous paraissait la meilleure pour achever le cours de dessin dans les trois classes élémentaires. Nous ne reviendrons pas sur ce point, et nous cesserons désormais de nous adresser séparément à chacune d'elles.

Quant aux cours de géométrie dans les classes de huitième et de septième, ils seront forcément distincts.

CLASSE DE HUITIÈME

GÉOMÉTRIE

Leçon. — Revision des planches III et IV.

Les principales mesures de surface employées en France avant l'introduction du système métrique étaient : la *toise carrée* ; le *pied carré* ; la *perche carrée* (perche de 18 pieds ou de 22 pieds de long) ; l'*arpent des eaux et forêts*, qui valait 100 perches carrées (perche de 22 pieds), et l'*arpent de Paris*, qui valait 100 perches carrées (perche de 18 pieds).

Devoir. — Résoudre les problèmes suivants :

PROBLÈME I. — Quelle est, en mètres et décimètres carrés, la valeur des anciennes mesures de surface, sachant que la toise a $1^m,95$ de longueur et qu'elle vaut 6 pieds ?

PROBLÈME II. — Le crépissage des deux côtés d'un mur de clôture ayant 380 mètres de long et $2^m,50$ de hauteur a coûté 3 fr. la toise carrée, matériaux compris. Quelle est la dépense totale ?

PROBLÈME III. — Construire un carré ayant 40^{mm} de diagonale, et calculer la surface.

CLASSE DE SEPTIÈME

GÉOMÉTRIE

Leçon. — Si l'on remplace les carrés formant les faces d'un cube par des rectangles, on a un *parallélipipède rectangle*. Si l'on emploie des parallélogrammes, on a un *parallélipipède oblique*.

Ainsi un livre, une boîte de compas, une caisse ordinaire, etc., sont des parallélipipèdes rectangles ; une règle carrée est un parallélipipède particulier formé de 4 rectangles et de 2 carrés. On peut former un parallélipipède oblique avec des cartes à jouer, en les faisant glisser les unes sur les autres de manière que la 2ᵉ avance un peu sur la 1ʳᵉ, la 3ᵉ sur la 2ᵉ, et ainsi de suite.

Devoir. — Rapporter sur copie les définitions relatives aux parallélipipèdes, et citer 6 exemples de parallélipipède parmi les objets qui composent le mobilier de la classe.

Résoudre les problèmes précédents.

DESSIN

PERSPECTIVE APPROXIMATIVE

SUITE DE L'EXPOSÉ DE LA MÉTHODE

Revenons à la planche XXIV.

3ᵉ EXERCICE. — Tracer 5 lignes paraissant converger vers un point de fuite O situé sur la ligne d'horizon MN, laquelle se trouve, comme on sait, à la hauteur de l'œil.

Remarquer que les deux verticales restent verticales en perspective, mais que la deuxième a diminué de longueur et s'est rapprochée de la première de 5^{mm} environ.

Pour compléter cet exercice, le professeur pourra employer un châssis composé de 5 tiges horizontales égales, réunies par 2 verticales, qu'il présentera de front aux élèves, puis avec diverses inclinaisons.

4ᵉ EXERCICE. — Tracer 5 lignes verticales de 40^{mm}, situées dans un plan de front et réunies par 2 horizontales ; tracer également les diagonales AB, CD, AE, CF, ED et FB.

5ᵉ EXERCICE. — Placer les verticales précédentes dans un plan *fuyant*, de manière qu'elles diminuent de longueur en se resserrant et que les horizontales AD et CB convergent vers un point de fuite situé sur la ligne d'horizon.

On commencera par tracer les deux verticales extrêmes AC et BD, puis les diagonales AB et CD ; au point de rencontre, on tracera la verticale du milieu, puis les diagonales CF et AE, ED et FB, et enfin, les deux autres verticales.

6e Exercice. — *Carré horizontal en perspective.*

Déterminer l'axe XY au milieu de AB, largeur totale donnée. Trouver le point C en comparant CA à CB. Déterminer la pente de EC en comparant EA à AC.

Le rapport de AC à CB étant supposé égal au rapport de 1 à 2, par le milieu F de EA, on mène une parallèle à AB et l'on obtient le sommet G du carré, puis le côté CG.

Pour achever le carré, mener la diagonale EG, qui détermine le centre O; joindre CO et prolonger d'une longueur OD un peu plus petite que CO, ce qui donne le 4e sommet du carré ainsi que les côtés ED et GD. La diminution sur OD est proportionnelle à la distance de l'élève au modèle; dans l'exemple donné, elle est de 1/10 environ.

7e Exercice.— La construction que nous venons d'indiquer est répétée 3 fois : 1° sur 2 côtés égaux et de même pente; 2° sur 2 côtés égaux dont la pente est dans le rapport de 2 à 3; 3° sur 2 côtés égaux dont la pente est dans le rapport de 1 à 4.

8e Exercice. — *Pyramide droite à base carrée.*

Tracer la hauteur donnée de la pyramide, et, par comparaison, la plus grande largeur AC; établir la base de la pyramide d'après les règles connues, et joindre les points A, B, C et D au sommet S en remarquant que 2 arêtes de la base et une arête latérale sont invisibles.

9e Exercice. — *Parallélipipède droit.*

Tracer les deux bases, l'arête CG, représentant la vraie grandeur d'une arête verticale du solide, les autres arêtes et l'axe.

Recherche de la ligne d'horizon. — Les deux bases du solide ont été faites inégales en perspective pour indiquer qu'elles ne sont pas à la même distance de la ligne d'horizon; celle du haut est dans un plan plus fuyant que celle du bas, parce qu'elle est plus rapprochée de la ligne d'horizon. Si l'une des bases se trouvait précisément dans le plan horizontal qui contient cette ligne, sa perspective se réduirait à une droite. Dans l'exemple présent, la largeur de la base inférieure étant double de celle de la base supérieure, il faut partager la hauteur du solide en 3 parties égales, et placer la ligne d'horizon à 2/3 de la hauteur (CK = 2/3 CG).

Comme vérification, les arêtes parallèles AC, DB, EG et HF doivent converger vers un même point de fuite situé sur la ligne d'horizon; il en est de même des arêtes parallèles AD, CB, EH et GF.

10e Exercice. — *Prisme triangulaire droit reposant sur une de ses faces latérales.*

On se donne la hauteur EF d'une base triangulaire; on en déduit, par comparaison, la longueur totale du prisme; on construit les côtés inégaux AB et BC de la base, en évaluant la pente apparente de chacun d'eux (pente de AB = 2/3; pente de BC = $\frac{3}{7}$); on achève la base comme il a été dit précédemment; on trace les diagonales; on mène, par le point de rencontre O, la ligne FH, qui rencontre les lignes AB et CD un peu au delà des milieux, du côté des points A et D; on trace la verticale FE qui est donnée; on joint EH; on trace la verticale OP; on joint FP que l'on prolonge jusqu'à la rencontre de la verticale élevée en H, et l'on achève le prisme.

11e Exercice.—*Cercle de front inscrit dans un carré.* (Voy. ci-contre.)

Une figure de front n'étant point déformée par la perspective, il suffit de construire un carré ABCD avec un côté donné, de mener les diagonales pour avoir le centre et de décrire le cercle inscrit.

Le cercle doit passer par les milieux des quatre côtés du carré; il coupe les diagonales à 5/7 environ de leur longueur à partir du centre.

Il convient de diviser OA, OB, OC et OD en 7 parties égales et de faire passer le cercle tout près du 5e point de division.

Il s'agit évidemment d'un tracé à main levée.

12e Exercice. — *Cercle dans un plan vertical fuyant.*

C'est la figure précédente placée dans un plan fuyant.

Mettre en perspective le carré; tracer les diagonales; au point de rencontre O, tracer la verticale GH; joindre les milieux de AC et de BD; diviser les demi-diagonales en 7 parties égales; enfin, tracer l'ellipse, perspective du cercle, en la faisant passer par les points EGFH et à une très petite distance du 5e point de division de chaque moitié des diagonales.

13e Exercice. — *Cercle horizontal inscrit dans un carré.*

On donne la plus grande dimension du cercle dessiné en perspective (AB = 46mm).

Chercher par comparaison le rapport de CD, diagonale du carré, à AB; reporter C et D à égale distance de l'axe O; déterminer le point E, et construire le carré comme précédemment, en donnant à OF une grandeur égale aux 9/10 environ de OE.

Prendre les milieux des côtés du carré en perspective; tracer GH et KL; partager les demi-diagonales en 7 parties et faire une marque près des 5/7 en partant du centre.

Par ces huit points, faire passer une ellipse qui représentera le cercle en perspective.

(*A suivre.*)

PERSPECTIVE APPROXIMATIVE

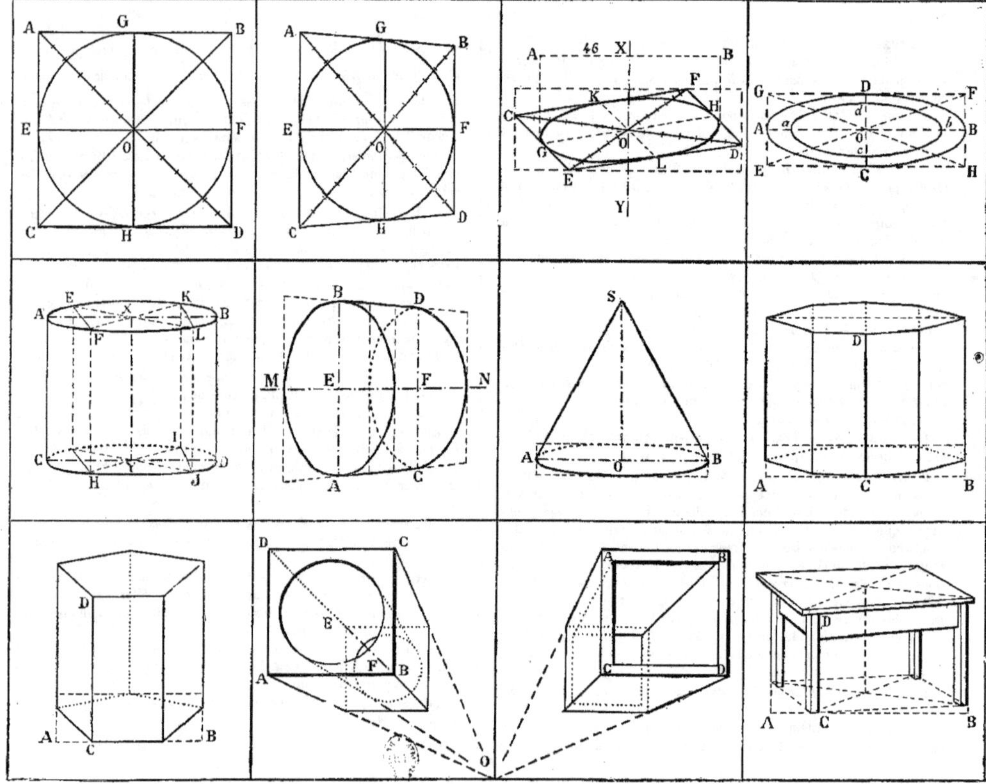

Avril. *Note et Visa du professeur.* Nom de l'élève.

PLANCHE XXVI

CLASSE DE HUITIÈME

GÉOMÉTRIE

Leçon. — Revision des planches V et VI.

Devoir. — Résoudre les problèmes suivants :

Problème I. — On a fait exécuter pour un album de dessin 50 clichés ayant 0m,25 de long sur 0m,20 de large à raison de 9 centimes 1/2 le centimètre carré. Quelle est la dépense totale?

Problème II. — Construire un rectangle ayant 45mm de base et 24mm de hauteur. Calculer la surface de ce rectangle.

Problème III. — Les diagonales d'un rectangle ont 48mm de longueur et font un angle de 120°. Construire le rectangle et calculer la surface.

CLASSE DE SEPTIÈME

GÉOMÉTRIE

Leçon. — Nous allons faire une revision des mesures de volume, analogue à la revision des mesures de longueur et de surface qui a été faite dans la planche III.

L'unité des mesures de volume est le *mètre cube*. C'est un cube ayant 1m de long, 1m de large et 1m de haut, et dont les six faces sont des mètres carrés.

Le mètre cube n'a pas de multiple. On n'a pas jugé à propos d'employer le *décamètre cube*, l'*hectomètre cube*, etc.

SOUS-MULTIPLES DU MÈTRE CUBE

Décimètre cube, qui vaut	1/1.000	du mètre cube et	qui s'indique	*dmc.*
Centimètre cube, —	1/1.000.000	—	—	*cmc.*
Millimètre cube, —	1/1.000.000.000	—	—	*mmc.*

Les mesures de volume de même que les mesures de surface n'existent pas réellement, si ce n'est à titre d'objets de démonstration; elles ne sont pas employées pour évaluer des grandeurs de même espèce : ce sont des mesures *fictives*, tandis que les mesures de longueur sont *effectives*, c'est-à-dire existent réellement.

La surface ou le volume d'une figure quelconque s'obtient par le calcul.

Pour comprendre comment le mètre cube vaut 1.000 décimètres cubes, le décimètre cube, 1.000 centimètres cubes, et le centimètre cube, 1.000 millimètres cubes, supposons une caisse cubique ayant exactement 1m de long, 1m de large et 1m de profondeur. Divisons le fond de la caisse, qui est un mètre carré, en 100 décimètres carrés; sur chaque carré, supposons qu'on place un décimètre cube, c'est-à-dire un cube ayant 1 décimètre d'arête : nous obtenons ainsi, au fond de la caisse, une série de 100 décimètres cubes formant une épaisseur d'un décimètre seulement. Pour remplir entièrement la caisse, il faudra évidemment superposer 10 séries semblables de 100 décimètres cubes, ce qui fera 1.000 décimètres cubes. Donc le mètre cube vaut 1.000 décimètres cubes.

On prouverait de la même manière que le décimètre cube vaut 1.000 centimètres cubes et le centimètre cube, 1.000 millimètres cubes.

Rappelons en passant que le décimètre cube correspond au *litre*, unité des mesures de capacité, c'est-à-dire qu'une petite boîte cubique qui aurait 1 décimètre sur toutes ses arêtes intérieures contiendrait exactement un litre. Il résulte de là que le centimètre cube, qui est la millième partie du décimètre cube, correspond au millilitre, qui est la millième partie du litre. Un dé à jouer représente assez exactement le centimètre cube.

Il ne faut pas confondre le *dixième* de mètre cube avec le décimètre cube. Le premier vaut, en effet, 100 décimètres cubes.

Le *centième* de mètre cube vaut 10.000 centimètres cubes.

Écrire au tableau noir et énoncer des mesures de volume.

Devoir. — Rapporter sur copie le tableau des mesures de volume, et démontrer que le mètre cube vaut 1.000 décimètres cubes.

Résoudre les problèmes suivants :

Problème I. — Trois voituriers ont transporté 200mc de déblais à raison de 1 fr. 25 le mètre cube. Le premier a transporté 75mc,080dmc et le deuxième, 78mc,025dmc. 1° Quel est le volume transporté par le troisième; 2° combien chaque voiturier a-t-il reçu?

Problème II. — Un terrassier déplace 1/3 de mètre cube de déblais en une heure et reçoit 1 fr. 50 par mètre cube. 1° Quel volume pourra-t-il déplacer en 6 journées de 10 heures; 2° combien recevra-t-il en tout?

Problème III. — Un ouvrier doit transporter à une distance de 160 mètres et avec une brouette pouvant contenir 1/9 de mètre cube un tas de cailloux dont le volume est égal à 10^{mc} 1/2. 1° Combien fera-t-il de voyages; 2° Quel chemin aura-t-il parcouru, aller et retour compris?

DESSIN

PERSPECTIVE APPROXIMATIVE

SUITE DE L'EXPOSÉ DE LA MÉTHODE

(*Voy. Planches XXIV et XXV.*)

14° Exercice. — *Cercles concentriques.*

Chercher le rapport de CD à AB, longueur donnée du diamètre ; tracer l'ellipse ABCD au moyen de la bande de papier ou avec 8 points, dont 4 sur les diagonales EF et GH.

Déterminer les distances Aa et Bb par comparaison avec aO et bO ; déterminer de même Dd et Cc, et tracer l'ellipse *abcd.*

15° Exercice. — *Cylindre droit à bases circulaires.*

Tracer l'axe du cylindre et les diamètres AB et CD par comparaison avec la hauteur donnée AC, puis les bases.

Remarques importantes. — 1° Les bases étant également déprimées par la perspective sont à égale distance de la ligne d'horizon.

2° Les cordes KL et IJ, parallèles dans l'espace, étant sensiblement parallèles sur la figure ne se rencontreront qu'à une distance très grande. Leur point de fuite est donc très éloigné ; il peut même se trouver porté à une distance infinie si les lignes en question sont exactement parallèles.

Dans le cas particulier où les points de fuite des divers groupes de lignes parallèles d'une figure sont situés à l'infini, la perspective s'appelle cavalière.

Les 5°, 7°, 8°, 9° et 12° figures de la planche XXV sont en perspective cavalière.

16° Exercice. — *Cylindre à bases circulaires couché sur un plan horizontal.*

Les deux bases du cylindre sont dans des plans fuyants ; l'une est plus rapprochée que l'autre de l'observateur et paraît plus grande ; elle est, d'ailleurs, entièrement visible, tandis que la plus petite est à moitié cachée.

Déterminer la perspective ABCD d'un rectangle en comparant l'écartement EF des verticales AB et CD avec la longueur de AB ; déterminer également le petit axe des ellipses par comparaison avec le grand, et tracer ces ellipses comme il a été dit précédemment.

17° Exercice. — *Cône droit à base circulaire.*

Tracer la largeur AB de la base par comparaison avec la hauteur donnée SO ; établir l'ellipse de base et joindre SA et SB.

18° Exercice. — *Prisme octogonal régulier.*

La base de ce solide est un octogone régulier inscriptible dans un cercle. En perspective, on obtiendra un octogone, plus ou moins déprimé, inscrit dans une ellipse.

Déterminer la largeur AB de la base par comparaison avec la hauteur donnée CD ; tracer les bases et les arêtes.

19° Exercice. — *Prisme pentagonal régulier.*

Construction analogue à la précédente.

20° et 21° Exercices. — *Applications.*

Nous quittons le domaine des principes pour entrer dans celui des applications. Voici 2 lucarnes, l'une cylindrique, l'autre prismatique, contenues dans 2 parallélipipèdes rectangles, qui sont représentées en perspective. Elles ont le même point de fuite O vers lequel convergent toutes les arêtes dirigées d'avant en arrière. Les deux ouvertures de chaque lucarne, en avant et en arrière, sont situées dans des plans de front et ne sont point déformées ; mais celle qui est la plus éloignée paraît naturellement plus petite que l'autre.

Des traits de force ont été placés, suivant la coutume, sur les arêtes saillantes qui portent ombre, en supposant que la lumière vienne de gauche à droite et de haut en bas.

22° Exercice. — *Table rectangulaire à 4 pieds.*

Déterminer la largeur totale AB par comparaison avec la hauteur donnée CD ; déterminer la position du point C ; construire le parallélogramme des pieds ; tracer l'axe, le parallélogramme supérieur, puis toutes les autres lignes en observant les traits de force.

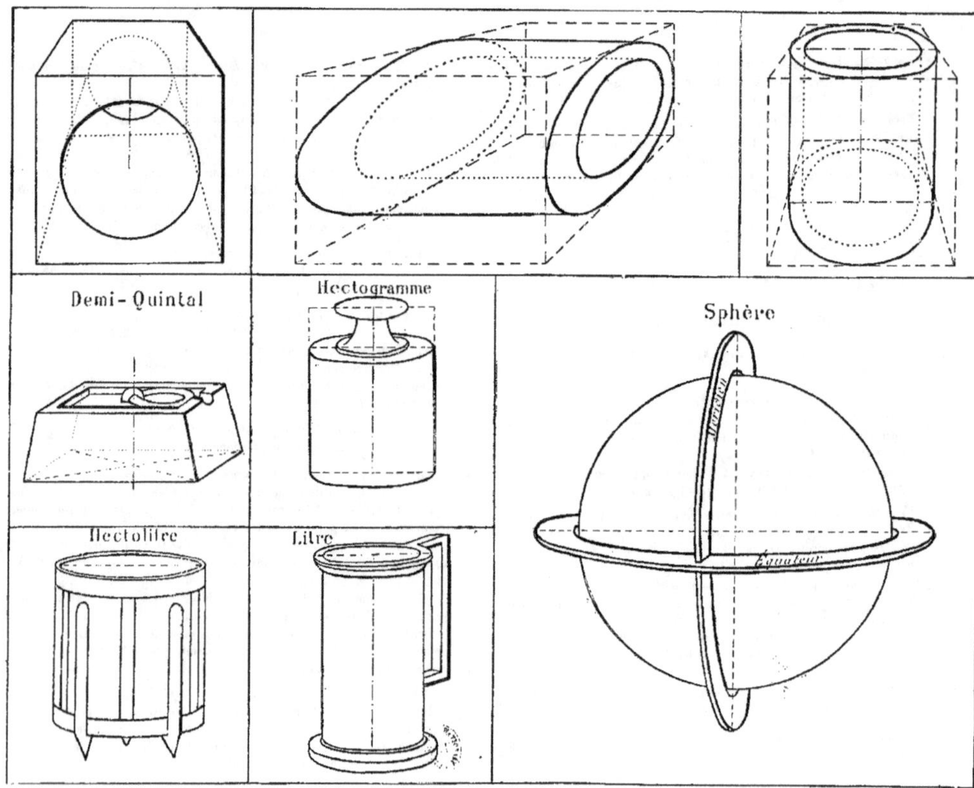
Demi-Quintal
Hectogramme
Sphère
Méridien
Équateur
Hectolitre
Litre

PLANCHE XXVII

CLASSE DE HUITIÈME

GÉOMÉTRIE

Leçon. — Revision des planches VII et VIII.

Devoir. — Résoudre les problèmes suivants :

Problème I. — Construire un triangle équilatéral ayant 45^{mm} de côté, sachant que chacun des angles est égal à 60°.

Problème II. — Dans un triangle isocèle, la base est égale à 36^{mm} et l'angle opposé vaut 45°. 1° Calculer la valeur de chacun des angles adjacents à la base ; 2° construire le triangle.

Problème III. — Construire un triangle rectangle ayant un côté de l'angle droit égal à 48^{mm} et l'angle aigu adjacent égal à 60°.

Problème IV. — Construire un triangle scalène dont la base soit égale à 51^{mm}, et les deux angles adjacents à cette base à 45° et 60°.

CLASSE DE SEPTIÈME

GÉOMÉTRIE

Leçon. — Nous avons vu que l'unité des mesures de volume est le mètre cube, qui a pour sous-multiples le décimètre cube et le centimètre cube.

Dans la mesure du bois de chauffage, le mètre cube prend le nom de *stère* (*st.*).

Le stère a un multiple, le *Décastère* (*Dst*), qui vaut 10 stères ou 10 mètres cubes, et un sous-multiple, le *décistère* (*dst*), qui est égal à 1/10 du stère.

Ainsi le décistère est le dixième du mètre cube ; il vaut donc 100 décimètres cubes.

Pour mesurer le bois de chauffage, on emploie des cadres en bois composés d'une pièce horizontale appelée *sole* et de 2 pièces verticales, appelées *montants*, soutenues par 2 pièces obliques, appelées *contre-fiches*.

Ces cadres en bois sont de véritables mesures réelles ou effectives de volume ; ils sont au nombre de trois, savoir :

1°. Le *stère*, dans lequel l'écartement des montants est de 1 mètre, de même que la hauteur de ces montants ;

2°. Le *double stère*, dans lequel l'écartement des montants est de 2 mètres, et la hauteur 1 mètre.

3°. Le *quintuple stère* ou *demi-décastère*, dans lequel l'écartement des montants est de 3 mètres, et la hauteur $1^{m},667$.

Si les bûches avaient exactement 1 mètre de long, il suffirait de remplir les cadres pour avoir les volumes annoncés ; mais elles sont généralement plus longues, ce qui oblige à ne remplir les cadres que jusqu'à une certaine hauteur.

Nous indiquerons plus loin comment on détermine cette hauteur par le calcul.

Devoir. — Rapporter sur copie un tableau des mesures fictives et des mesures effectives de volume employées pour le bois de chauffage, en indiquant leurs rapports de grandeur entre elles et leurs rapports avec les mesures ordinaires de volume.

Ajouter les dimensions des cadres des mesures effectives.

Résoudre les problèmes suivants :

Problème I. — Combien de mètres cubes et de décimètres cubes dans 3 décastères, dans le quintuple stère, dans le demi-stère, dans 2 Dst 6 st 8 dst ?

Problème II. — Un marchand a acheté à forfait un bateau chargé de bois en bûches ayant 1 mètre de long, pour la somme de 810 fr. Avec la charge du bateau, il a pu remplir 4 fois le quintuple stère, 2 fois le double stère, et il restait 1/2 stère. 1° Quel est le nombre total de stères ; 2° quel est le prix d'achat du stère ; 3° en revendant 45 fr. le stère, quel sera le bénéfice total ?

Problème III. — Un marchand a acheté 6 décastères de bois à 32 fr. le stère, 4 quintuples stères à 34 fr. le stère, 25 demi-stères à 35 fr. le stère. 1° Quelle est sa dépense totale ; 2° quel est le prix moyen du stère ; 3° combien devra-t-il revendre le stère pour gagner 1/4 du prix d'achat ?

DESSIN

PERSPECTIVE APPROXIMATIVE

APPLICATIONS

(*Voy. Planche XXVI.*)

Après toutes les explications qui ont été données dans les planches XXIV et XXV, on pourra sans difficulté dessiner les applications qui sont contenues dans les planches XXVI et XXVII, et d'autres du même genre.

Les élèves devront être capables de représenter les contours de tous les objets ayant une forme assez simple, en établissant toujours la comparaison des hauteurs avec les largeurs.

1re Fig. — *Lucarne cylindrique dans un cube.*

Les ouvertures sont dans des plans de front. Le point de fuite est en haut sur le prolongement de l'axe.

2e Fig. — *Cylindre creux dans un parallélipipède.*

2 faces du parallélipipède sont des plans de front. Le point de fuite des autres faces est situé en haut et à droite du solide. Il résulte de là que la base de droite du cylindre est entièrement visible, tandis que la moitié seulement de la base de gauche est visible.

La construction des ellipses est analogue à celle qui a été donnée dans la 4e figure de la planche XXV.

3e Fig. — *Cylindre creux dans un cube.*

2 faces du cube sont des plans de front. Le point de fuite des autres faces est en haut du solide et sur le prolongement de l'axe. Il résulte de là que la base supérieure est seule visible entièrement.

Remarquer que la base supérieure est plus déprimée que la base inférieure, parce qu'elle est plus rapprochée de la ligne d'horizon.

4e Fig. — *Poids en fonte de 50 kilogrammes.*

C'est un tronc de pyramide à base rectangulaire.

5e Fig. — *Poids en cuivre de 100 grammes.*

La hauteur de la partie cylindrique est égale au diamètre.

6e Fig. — *Mesure de capacité cylindrique en bois contenant 100 litres.*

La profondeur est égale au diamètre intérieur.

7e Fig. — *Mesure de capacité cylindrique en étain contenant 1 litre.*

La profondeur est double du diamètre intérieur.

8e Fig. — *Sphère.*

La sphère est entourée d'un grand cercle horizontal appelé *équateur* et d'un grand cercle vertical appelé *méridien*.

Le point le plus haut et le point le plus bas du méridien sont les *pôles* de la sphère.

N. B. — Pour tous ces objets, le point de fuite est supposé situé à une distance infinie, ce qui fait que des faces parallèles et égales restent parallèles et égales en perspective. Nous avons qualifié cette perspective particulière du nom de *cavalière*.

SUITE DES APPLICATIONS

(*Voy. Planche XXVII ci-contre.*)

Diviser le cadre en 2 parties égales par une verticale, puis la première moitié en 2 parties, l'une double de l'autre, et enfin, cette dernière en 2 parties égales.

Tracer les hauteurs et les largeurs en pointillé, puis les contours et les détails intérieurs.

Dans cette planche, comme dans les dernières figures de la planche précédente, les points de fuite sont supposés à une distance infinie et la perspective est dite *cavalière*.

1re Fig. — *Verre à pied.*

Remarquer les deux courbes qui rattachent le pied avec la base.

2e Fig. — *Arrosoir.*

3e Fig. — *Vase émaillé.*

Remarquer : 1° les deux courbes qui rattachent le col avec le ventre du vase ; 2° la déformation, à droite et à gauche, des courbes sinueuses représentant un filet émaillé en relief.

4e Fig. — *Poêle ou poile.*

Représenter successivement le corps cylindrique, la base, le chapiteau, le couvercle, la porte, le cendrier et les orifices d'appel d'air.

Nom de l'établissement. PERSPECTIVE APPROXIMATIVE Pl. XXVII.

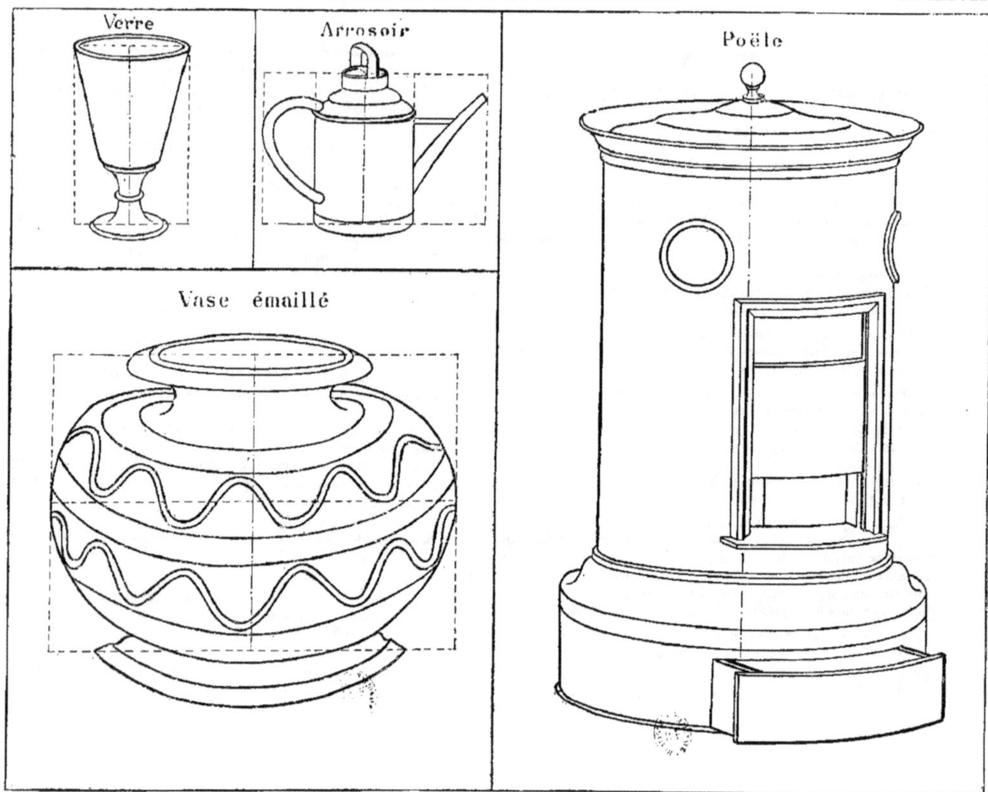

Avril. *Note et Visa du professeur.* Nom de l'élève.

PLANCHE XXVIII

CLASSE DE HUITIÈME

GÉOMÉTRIE

Leçon. — Revision des planches IX et X.

Devoir. — Résoudre les problèmes suivants :

Problème I. — Les deux bases d'un trapèze ont 18^m et 12^m et la hauteur 15^m. 1° Quelle est la surface du trapèze; 2° quelle serait la surface d'un triangle qui aurait pour base la moyenne des bases du trapèze et qui aurait la même hauteur ?

Problème II. — Construire un trapèze symétrique dont les bases égalent 46 et 18^mm et la hauteur 20^mm; prolonger les côtés obliques jusqu'à leur point de rencontre; mesurer avec le décimètre la hauteur du triangle isocèle obtenu au-dessus du trapèze, et calculer séparément la surface de ces deux figures.

Problème III. — Construire un trapèze symétrique dont les bases égalent 45 et 20^mm et les angles adjacents à la grande base, 60°.

CLASSE DE SEPTIÈME

GÉOMÉTRIE

Leçon. — Nous avons vu que l'on pourrait empiler 1000 décimètres cubes dans une caisse ayant exactement 10 décimètres de longueur, 10 décimètres de largeur et 10 décimètres de profondeur, ce qui prouve que le volume de la caisse est égal au produit des trois dimensions, ou, ce qui revient au même, au cube de l'une d'elles.

$$1.000 = 10 \times 10 \times 10.$$

Cette remarque s'applique à un cube quelconque; donc *le volume d'un cube s'obtient en faisant le cube de son arête.*

$$V = a \times a \times a = a^3.$$

Soit proposé de calculer le volume d'un bloc de pierre de forme cubique ayant 0^m,80 d'arête.

$$\text{Volume} = 0{,}80 \times 0{,}80 \times 0{,}80 = 0^{mc},512^{dmc}.$$

La surface totale d'un cube est egale à la somme des surfaces de 6 carrés égaux.

$$S = 6\,a^2.$$

Ainsi la surface totale du bloc de pierre précédent est égale à

$$6 \times 0{,}80 \times 0{,}80 = 3^{mq},84^{dmq}.$$

Parallélipipède. — *Le volume d'un parallélipipède s'obtient en faisant le produit des trois dimensions, longueur, largeur et hauteur.*

$$V = L \times l \times H.$$

Remarque. — Dans le parallélipipède rectangle, les dimensions sont 3 arêtes du solide, tandis que, dans le parallélipipède proprement dit, formé de 6 parallélogrammes, la largeur est représentée par la perpendiculaire menée entre 2 arêtes de la face inférieure, et la hauteur, par la perpendiculaire menée entre la face inférieure et la face supérieure.

Soit proposé de calculer le volume d'une cassette rectangulaire ayant 0,40 de longueur, 0,25 de largeur et 0,10 de profondeur.

$$\text{Volume} = 0{,}40 \times 0{,}25 \times 0{,}10 = 0^{mc},010^{dmc}.$$

La surface totale d'un parallélipipède est égale à la somme des surfaces de 6 rectangles ou de 6 parallélogrammes égaux 2 à 2.

Ainsi la surface intérieure de la cassette précédente est composée de trois parties :

1° Le fond et le couvercle :

$$2 \text{ fois } 0{,}40 \times 0{,}25 = 0^{mq},20^{dmq}.$$

2° L'avant et l'arrière :

$$2 \text{ fois } 0{,}40 \times 0{,}10 = 0^{mq},08^{dmq}.$$

3° Les deux bouts :

$$2 \text{ fois } 0{,}25 \times 0{,}10 = 0^{mq},05^{dmq}.$$

Surface totale = 33 décimètres carrés.

Devoir. — Rapporter sur copie les règles et les formules relatives au cube et au parallélipipède, et résoudre les problèmes suivants :

Problème I. — Quel est le volume en centimètres et en millimètres cubes d'un lingot en métal de forme cubique ayant 0^m,058 d'arête ?

Problème II. — On veut transporter des moellons formant un tas rectangulaire de $8^m,50$ de long sur $4^m,20$ de large et $1^m,75$ de haut, avec des tombereaux qui contiennent 5/4 de mètre cube. 1° Quel est le volume du tas de moellons ; 2° combien de tombereaux ?

Problème III. — Quel est le poids de l'air atmosphérique contenu dans une salle rectangulaire ayant 7^m de long, 5^m de large et 3^m de hauteur, sachant qu'un décimètre cube d'air pèse 13 décigrammes ?

DESSIN

PERSPECTIVE EXACTE

EXPOSÉ DE LA MÉTHODE

Nous avons vu, dans les quatre planches précédentes, comment on représente une figure géométrique ou un objet usuel simple d'une façon frappante pour l'œil et suffisamment exacte. Nous allons maintenant poser les bases de la véritable perspective, celle des artistes, celle que donne la photographie, et terminer par des applications. En même temps, nous ferons connaître la méthode des projections.

« Toutes les fois que cela sera possible, la représentation géométrale de l'objet, c'est-à-dire le dessin en véritable grandeur ou réduit à une échelle déterminée, précédera la représentation perspective. L'élève apprendra donc ainsi à se rendre compte de tous les détails de son modèle ; il en connaîtra les proportions relatives, et lorsque la perspective les lui montrera réduites et altérées, il sera mieux préparé à se rendre compte de la cause de ces modifications et à en observer les lois. » (Eugène Guillaume, de l'Institut. — *Dictionnaire de pédagogie*. 1re partie, page 687).

Tout point éclairé envoie à l'œil d'un observateur un faisceau de rayons lumineux qui traverse le cristallin et vient frapper une membrane nerveuse appelée rétine, d'où naît le phénomène de la vision.

Parmi tous ces rayons lumineux, on considère particulièrement celui qui passe par le *centre optique* de l'œil et qui forme l'axe du faisceau en question : on l'appelle *rayon visuel*.

Pour chaque position, l'œil voit un certain nombre de points ou d'objets, que l'on peut supposer compris dans un grand cône, dont il est précisément le sommet et au delà duquel il ne peut rien apercevoir : c'est le *cône visuel*.

Dans toute cette étude, on suppose que l'observateur regarde les objets avec un œil seulement et qu'il tient l'autre fermé.

1re Fig. — Supposons qu'un plan vertical transparent P, une glace non étamée, par exemple, se trouve entre l'œil O et le point A : le rayon visuel AO rencontre ce plan en un point *a*, *qui est la perspective de A*.

Au lieu d'un point A, supposons une droite, une courbe, un objet, une figure quelconque, et menons des rayons visuels à tous les points des figures : ces rayons rencontrent le plan transparent en des points *qui forment la perspective de ces figures*.

La méthode que nous allons employer repose tout entière sur l'hypothèse d'un plan vertical transparent placé entre l'œil et les objets, sur lequel les rayons visuels tracent la perspective de ces objets.

Le plan vertical transparent s'appelle *tableau*.

« Le professeur s'aidera utilement, pour cette étude élémentaire, d'un appareil analogue à celui dont Léonard de Vinci recommande l'usage. C'est une vitre ou une gaze placée dans un cadre vertical. L'objet à représenter est d'un côté, le dessinateur est de l'autre : son œil est appliqué derrière un œilleton qui constitue le point de vue. L'œilleton est percé dans une règle verticale qui porte plusieurs autres trous ou œilletons ouverts à différentes hauteurs. Le modèle apparaît alors sur le plan transparent. En faisant suivre ses contours et ses lignes avec un crayon ou avec de la craie, le professeur fait exécuter ainsi à l'élève un dessin perspectif d'une rigoureuse exactitude. Il peut avec cet appareil très simple démontrer l'existence de la ligne d'horizon, celle des points de distance, montrer les changements qui se produisent dans l'apparence des objets lorsque le point de vue se déplace. On ne saurait trop recommander, pour le début des études, l'usage de cet appareil. » (*Dictionnaire de pédagogie*. 1re partie, page 687).

La 1re figure représente encore :

1° 3 droites verticales égales et équidistantes B, C et D, qui ont leurs perspectives suivant 3 droites verticales inégales et inégalement distantes, *b*, *c* et *d*, plus petites que les précédentes. La diminution des longueurs et des distances serait plus sensible si les lignes B, C et D étaient plus éloignées ;

2° Un quadrilatère EFGH, situé dans un plan parallèle au tableau et ayant sa perspective suivant un quadrilatère semblable *efgh* ;

3° Une grande ellipse KL formant la base du cône visuel OKL, au delà duquel l'œil ne peut rien apercevoir.

2e Fig. — 3 droites de front, c'est-à-dire parallèles au tableau, AB, CD et EF, réunies par 3 droites verticales AE, GH et BF, donnent en perspective 3 droites parallèles et égales, *ab*, *cd* et *ef*, réunies par 3 droites verticales égales *ae*, *gh* et *bf*.

3 droites égales et parallèles entre elles, mais obliques au tableau, KL, MN et RS, réunies par 2 autres droites parallèles et égales, donnent en perspective 3 droites concourantes *kl*, *mn* et *rs*, réunies par 2 autres droites également concourantes *lr* et *ks*.

Ces figures préliminaires sont en perspective approximative.

(*A suivre.*)

Nom de l'établissement. PERSPECTIVE EXACTE Pl. XXVIII.

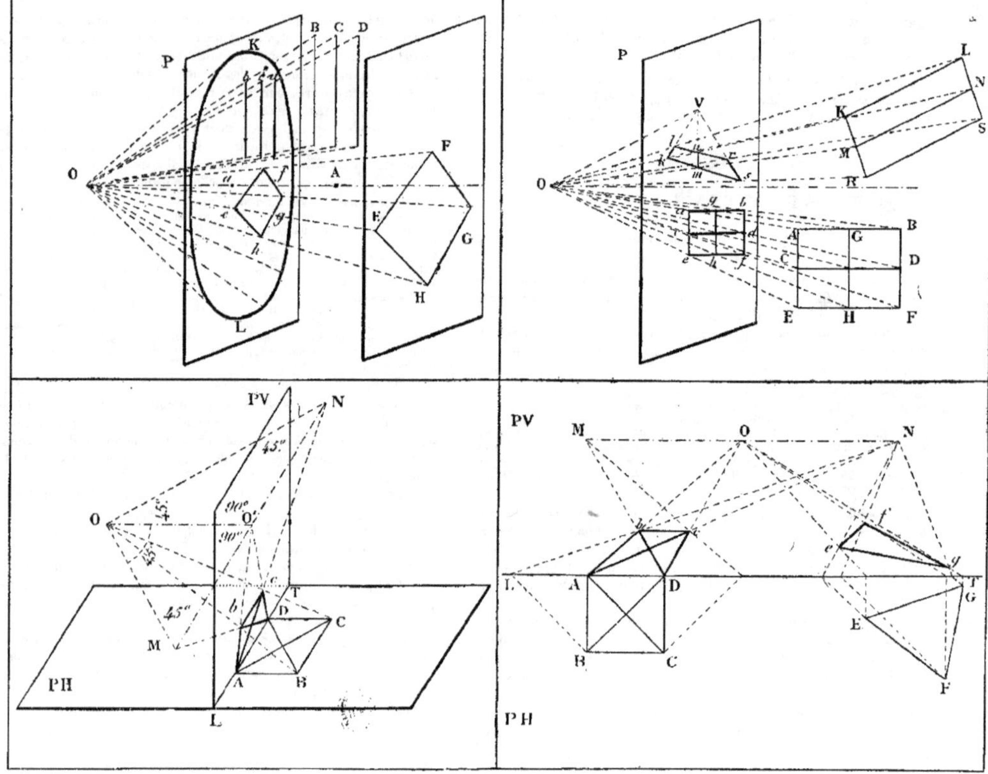

Avril. *Note et Visa du professeur.* Nom de l'élève.

PLANCHE XXIX

CLASSE DE HUITIÈME

GÉOMÉTRIE

Leçon. — Revision des planches XI et XII.

Devoir. — Résoudre les problèmes suivants :

PROBLÈME I. — En un point O d'une droite, on a tracé 4 angles ; on en a mesuré 3 qui valent respectivement 28° 35′ 42″,7 ; 37° 56″,4 et 64° 50′ 18″. Quelle est la valeur du 4ᵉ angle?

PROBLÈME II. — En un point O d'un plan, on a construit 8 fois un angle de 34° 20′ 15″,2. Quelle est la valeur de l'angle restant?

PROBLÈME III. — 4 droites se rencontrent en un point et forment des angles qui sont entre eux comme les nombres 1, 2, 3 et 4. Calculer la valeur de chacun de ces angles et les construire.

CLASSE DE SEPTIÈME

GÉOMÉTRIE

Leçon. — Le volume d'un parallélipipède étant égal au produit de 3 dimensions, longueur, largeur et hauteur, il en résulte que, *si l'on connaît ce volume et 2 dimensions, on obtient la 3ᵉ dimension en divisant le volume par le produit des deux dimensions connues :*

$$V = L \times l \times h, \quad L = \frac{V}{l \times h}, \quad l = \frac{V}{L \times h}, \quad h = \frac{V}{L \times l}.$$

Soit proposé de calculer la hauteur nécessaire pour mesurer, dans le châssis ordinairement employé, un stère de bois formé avec des bûches ayant $1^m,14$ de long.

Il faut employer la dernière formule, dans laquelle on fera $V = 1^{mc}$, $L = 1^m,14$ et $l = 1^m$.

$$h = \frac{1}{1,14 \times 1} = 0^m,877.$$

Devoir. — Rapporter sur copie les formules qui viennent d'être données, et résoudre les problèmes suivants :

PROBLÈME I. — Un gros morceau de savon de Marseille ayant $0^m,80$ de long, 0,60 de large et 0,50 de hauteur doit être divisé en petits morceaux ayant pour dimensions 0,08, 0,06 et 0,05. Combien de petits morceaux dans le gros?

PROBLÈME II. — Le volume intérieur d'un coffret est exactement de 3 décimètres cubes. La largeur est de $0^m,15$ et la profondeur ; de 0,08. Quelle est la longueur?

PROBLÈME III. — On a fait construire un mur ayant $132^m,50$ de longueur 0,45 d'épaisseur et $1^m,90$ de hauteur, y compris les fondations. Quelle est la dépense à raison de 6 fr. le mètre cube ?

DESSIN

PERSPECTIVE EXACTE

SUITE DE L'EXPOSÉ DE LA MÉTHODE

Revenons à la planche XXVIII.

Plusieurs règles résultent de ce qui a été dit précédemment :

1ʳᵉ RÈGLE. — *La perspective d'une figure quelconque est plus petite que la figure elle-même ; la diminution est proportionnelle à la distance entre le tableau et la figure.*

2ᵉ RÈGLE. — *La perspective d'une droite verticale est une verticale.*

3ᵉ RÈGLE. — *La perspective d'une droite de front est une droite parallèle à la première.*

4ᵉ RÈGLE. — *La perspective d'un faisceau de droites parallèles, non situées dans un plan de front, est un faisceau de droites concourantes.*

REMARQUE IMPORTANTE. — Pour déterminer la perspective des parallèles KL, MN et RS, on a tracé les rayons visuels OK, OL, OM, etc., et l'on a déterminé l'intersection de ces rayons avec le tableau. Si l'on mène un rayon visuel OV parallèle aux droites KL, MN et RS, il ne pourra jamais rencontrer ces droites, et l'on pourra considérer le point V comme la perspective d'un point de chaque droite, situé à une distance infinie. Il résulte de là que les perspectives *kl*, *mn* et *rs* concourront vers le point V, qu'elles n'atteindront jamais, quelle que soit la longueur des lignes KL, MN et RS. Ce point V est le *point de fuite* des parallèles en question.

5ᵉ Règle. — *Le point de fuite d'un faisceau de droites parallèles, non situées dans un plan de front, est le point de rencontre avec le tableau d'un rayon visuel parallèle à ces droites.*

3ᵉ Fig. — Considérons un carré ABCD situé sur un plan horizontal PH et appuyé contre un plan vertical PV, que nous supposerons transparent et que nous prendrons pour le tableau. Soit O la position de l'œil.

Pour mettre le carré en perspective, il suffit de faire passer des rayons visuels par le point O et les sommets du carré et de déterminer les intersections avec le tableau. Mais si l'on se reporte à la 5ᵉ règle, on voit : 1° que les côtés AB et DC, qui sont perpendiculaires au tableau, ont pour point de fuite le point O', pied de la perpendiculaire abaissée de l'œil sur le tableau ; 2° que la diagonale BD du carré a pour point de fuite le point M, pied d'une parallèle à 45°, menée de l'œil au tableau (il faut supposer le tableau prolongé au delà des limites indiquées par la figure); 3° que la diagonale AC a pour point de fuite le point N, pied d'une parallèle à 45°, menée de l'œil au tableau.

Le côté AD étant sur le tableau n'est point modifié par la perspective.

Il faut donc joindre AO', DO', DM et AN, puis *bc* pour avoir la perspective du carré avec ses diagonales.

Comme vérification, *bc*, qui est la perspective d'une droite de front, doit être parallèle à cette droite.

Il résulte des constructions précédentes :

1° Que le point O' est le point de fuite de toutes les perpendiculaires au tableau ; c'est le *point de fuite principal ;*

2° Que le point M est le point de fuite de toutes les lignes à 45°, menées dans la direction de BD ;

3° Que le point N est le point de fuite de toutes les lignes à 45°, menées dans la direction de AC.

7ᵉ Règle. — *Pour avoir la perspective d'un point quelconque de l'espace, il suffit de mener, par ce point, une perpendiculaire au tableau et une ligne à 45°, puis de joindre le pied de la perpendiculaire en O', le pied de l'oblique en M ou en N, et de prendre l'intersection des deux dernières lignes menées.*

Désormais, nous appliquerons constamment cette règle importante.

La perpendiculaire OO' détermine avec les obliques OM et ON un plan horizontal, situé à la hauteur de l'œil et appelé *plan d'horizon.* La ligne MN est la *ligne d'horizon*. Les points M et N s'appellent *points de distance.*

4ᵉ Fig. — La figure précédente est représentée obliquement d'une façon frappante pour l'œil, mais elle n'est pas exacte, puisqu'on y voit un parallélogramme ABCD au lieu d'un carré, et que les angles de 90° ou de 45°, formés par les rayons visuels sur le tableau, sont augmentés ou diminués ; c'est de la *perspective cavalière.* (Voyez pl. XXVI et XXVII.)

Plaçons-nous maintenant en face de la figure ; représentons l'intersection des deux plans par la droite LT, que nous appellerons *ligne de terre*, et supposons ces deux plans indéfinis en grandeur, l'un au-dessus, l'autre au-dessous de LT.

Soit O le point de fuite principal, c'est-à-dire le pied de la perpendiculaire abaissée de l'œil sur le tableau ; soient M et N les points de fuite des lignes à 45°, et soit ABCD le carré que l'on doit mettre en perspective.

Les deux perpendiculaires AB et CD donnent 2 fuyantes vers le point O ; la diagonale BD donne une fuyante en M et la diagonale AC, une fuyante en N. On n'a plus qu'à joindre les points de rencontre *b* et *c* pour avoir la perspective demandée.

Soit maintenant proposé de mettre en perspective un triangle EFG reposant sur le plan horizontal.

Par chaque sommet, on mène au tableau une perpendiculaire et une ligne à 45°. Les perpendiculaires donnent, en perspective, 3 fuyantes vers le point O, et les obliques, 3 fuyantes au point N. Les points d'intersection de ces fuyantes sont les sommets du triangle perspectif demandé.

(*Voy. Planche XXIX ci-contre.*)

On se donne la ligne de terre LT, la hauteur *h* de l'œil au-dessus du plan horizontal, le point de fuite principal O, les points de fuite M et N des lignes à 45°, et 3 figures planes reposant sur le plan horizontal.

1ʳᵉ Fig. — *Carrés et diagonales de carrés.* — Les trois perpendiculaires au tableau passant par les points A, B et C donnent, en perspective, 3 droites fuyantes au point O ; les lignes à 45° donnent des fuyantes en M ou en N, et les lignes de front donnent des parallèles à la ligne de terre. Il ne reste plus qu'à joindre les points de rencontre de toutes ces lignes pour avoir la perspective demandée.

2ᵉ Fig. — *Cercle.* — On trace les carrés inscrit et circonscrit, les diagonales de ces carrés et 2 diamètres du cercle ; on met en perspective toutes ces lignes, et l'on obtient 8 points d'intersection, qui sont suffisants pour tracer la courbe perspective du cercle. Il est évident que l'on pourrait facilement obtenir d'autres points. La courbe est une *ellipse.*

3ᵉ Fig. — *Carrelage formé d'octogones réguliers et de carrés.* — On mène des perpendiculaires au tableau par les points K, L, P, Q, R, S et T, qui donnent autant de fuyantes en O, puis des lignes à 45°, qui donnent des fuyantes en M ou en N, et l'on joint les points d'intersection de ces fuyantes.

Nom de l'établissement. **PERSPECTIVE EXACTE** **Pl. XXIX.**

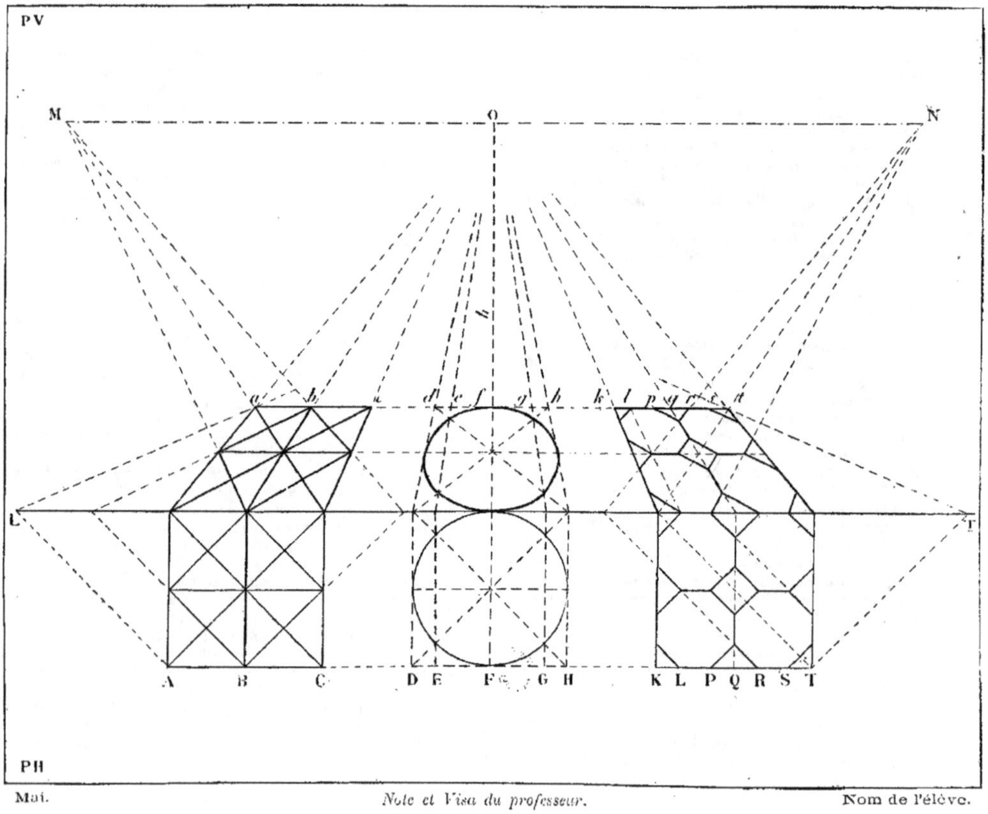
PV
M
O
N
h
a b c
d e f g h
k l p q r s t
L
T
A B C
D E F G H
K L P Q R S T
PH

Mai. *Note et Visa du professeur.* Nom de l'élève.

PLANCHE XXX

CLASSE DE HUITIÈME

GÉOMÉTRIE

Leçon. — Revision des planches XIII et XIV.

Devoir. — Résoudre les problèmes suivants :

PROBLÈME I. — Un mobile parcourt une circonférence en décrivant un arc de 15° 3/4 par seconde. 1° Quel arc le mobile aura-t-il parcouru en 5, 10, 15 et 20 secondes; 2° combien mettra-t-il de temps pour parcourir la circonférence entière; 3° combien ferait-il de tours en une heure?

PROBLÈME II. — Quelle est la valeur des quatre angles suivants : 1° un angle au centre qui intercepte 1/11 de la circonférence; 2° un angle inscrit qui intercepte un arc de 79° 15′ 27″,3; 3° un angle intérieur qui intercepte 2 arcs, l'un de 105° 56′ 8″, l'autre de 67° 17′ 13″,6; 4° un angle extérieur qui intercepte 2 arcs, l'un de 146° 35′ 20″,2 et l'autre de 58° 46′ 35″,4 ?

PROBLÈME III. — Construire un angle de 36° ainsi que le complément et le supplément de cet angle avec des côtés de 40 millimètres.

CLASSE DE SEPTIÈME

GÉOMÉTRIE

Leçon. — Un polygone quelconque étant donné, si l'on place à tous les sommets des tiges égales et parallèles, on forme un *prisme*.

Le prisme, en général, est donc un solide qui a pour bases 2 polygones égaux et parallèles, réunis par des parallélogrammes ou des rectangles.

D'après cette définition, le cube et le parallélipipède sont des prismes particuliers.

Le plus simple des prismes est le prisme *triangulaire*, qui a pour bases 2 triangles égaux et parallèles. Si l'on coupe un parallélipipède par un plan passant par 2 arêtes opposées, on obtient 2 prismes triangulaires.

Dans les cours de physique, on emploie un prisme triangulaire en cristal pour décomposer la lumière du soleil suivant toutes les couleurs de l'arc-en-ciel.

Il y a autant de prismes différents que de polygones, c'est-à-dire une infinité. Les principaux sont : le prisme *quadrangulaire*, qui a pour bases 2 quadrilatères égaux et parallèles; le prisme *pentagonal*, qui a pour bases 2 pentagones égaux et parallèles; le prisme *hexagonal*, le prisme *octogonal*, etc.

Si l'on coupe un prisme par un plan quelconque, on obtient un *tronc de prisme* ou un *prisme tronqué*.

Un *prisme régulier* est celui qui a pour bases 2 polygones réguliers.

Dans le *prisme droit*, les arêtes latérales sont perpendiculaires aux bases, et, dans le *prisme oblique*, elles sont elles-mêmes obliques aux bases.

Le volume d'un prisme droit ou oblique s'obtient en multipliant la surface de la base par la hauteur.

$$V = S \times h.$$

Soit proposé de calculer le volume d'un prisme hexagonal droit et régulier de $0^{m},15$ de hauteur et dont la base a 0,052 de côté et 0,045 d'apothème.

$$\text{Périmètre de la base} = 0,052 \times 6 = 0,312.$$

$$\text{Surface de la base} = \frac{0,312 \times 0,045}{2} = 70^{cmq},20.$$

$$\text{Volume} = 70^{cmq},20 \times 0,15 = 1^{dmc},053^{cmc}.$$

La surface totale d'un prisme comprend la surface *latérale*, formée de rectangles ou de parallélogrammes, plus les deux bases. Dans le prisme précédent, elle est égale à la somme des surfaces de 6 rectangles ayant 0,15 sur 0,052, plus 2 hexagones réguliers.

$$\text{Surface latérale} = 6 \text{ fois } 0,15 \times 0,052 = 468^{cmq}.$$

$$\text{Surface des bases} = 2 \text{ fois } 70^{cmq},20 = 140,40.$$

$$\text{Surface totale} = 468 + 140,40 = 608^{cmq},40.$$

Devoir. — Rapporter sur copie les définitions, règle et formule relatives au prisme, et résoudre les problèmes suivants :

PROBLÈME I. — Un bassin ayant la forme d'un prisme octogonal régulier de $1^m,40$ de profondeur peut contenir 175 mètres cubes d'eau. Quelle est la surface occupée par ce bassin?

Problème II. — Un prisme droit de $3^m,5$ de hauteur a pour base un triangle rectangle dont les côtés de l'angle droit ont $1^m,60$ et 0,95. Quel est le volume de ce prisme?

Problème III. — On met en peinture les murs d'un salon ayant la forme d'un prisme hexagonal régulier de $2^m,25$ de côté et $2^m,75$ de hauteur. 1° Quelle est la surface des murs; 2° quelle est la dépense, à raison de 1 fr. 80 le mètre carré (on ne tiendra pas compte des ouvertures)?

DESSIN

PERSPECTIVE EXACTE

APPLICATIONS

1re Fig. — *Perspective cavalière d'un cube.*

Un cube repose par sa base ABCD sur un plan horizontal, en avant d'un plan vertical transparent pris pour le tableau. Ce cube est représenté en perspective cavalière. L'observateur est placé en arrière du tableau.

Menons par l'œil de l'observateur une perpendiculaire au tableau et 2 lignes à 45°, et traçons la ligne de front MN.

Nous savons que le point O' est le point de fuite principal vers lequel converge la perspective de toutes les lignes perpendiculaires au tableau, et que les points M et N sont les points de fuite de toutes les lignes à 45°.

Nous savons également que les arêtes verticales du cube doivent rester verticales en perspective et que les arêtes de front donneront des parallèles à la ligne d'horizon.

D'après cela, pour avoir la perspective du cube, il faut opérer de la manière suivante : prolonger les arêtes AB, DC, EF et HG jusqu'au tableau, et joindre les points de rencontre avec O'; prolonger la diagonale AC jusqu'à la ligne de terre, et joindre le point de rencontre en N; prolonger la diagonale BD, et joindre en M (cette construction a été supprimée pour ne pas trop charger la figure); joindre les points d'intersection des fuyantes de AB et de CD avec les fuyantes de AC et de BD, ce qui donne les sommets *a*, *b*, *c*, *d* de la base inférieure du cube; en ces points, mener des verticales jusqu'à la rencontre des fuyantes de EF et de HG, ce qui donne les sommets *e*, *f*, *g*, et *h* de la base supérieure du cube; achever le cube en mettant des points ronds sur les arêtes cachées.

2e Fig. — *Projections d'un cube.*

Un cube repose sur un plan horizontal par sa base *a b c d*. Un plan vertical, réuni au plan horizontal par la ligne LT, se trouve en arrière du cube; il est supposé *rabattu* suivant le prolongement du plan horizontal, de sorte que l'on ne voit qu'un seul plan, coupé en 2 parties par la ligne LT, alors qu'il y en a réellement 2, formant un *angle dièdre droit*.

Cela posé, la base inférieure du cube se projette horizontalement suivant le carré *a b c d*, et verticalement, suivant la ligne b' c'; la base supérieure se projette horizontalement suivant le carré *a b c d*, et verticalement, suivant la ligne b'' c''; la face située en avant se projette horizontalement suivant la ligne *bc*, et verticalement, suivant le carré b' c' b'' c''; la face située en arrière se projette horizontalement suivant la ligne *ad*, et verticalement, suivant le carré b' c' b'' c''; les deux faces de côté ou de *profil* se projettent chacune suivant 2 lignes droites, l'une en *ba*, b' b'', et l'autre en *cd*, c' c''.

Plaçons maintenant le cube de manière que ses arêtes horizontales soient dirigées à 45° vers le plan vertical : nous obtenons le même carré que précédemment pour la projection horizontale, et nous avons 3 arêtes visibles sur le plan vertical. Il n'y a que l'arête verticale *d*, d' d'', située en arrière, qui soit invisible.

3e Fig. — *Perspective exacte d'un cube.*

On se donne la projection horizontale du cube dans les deux positions que nous venons d'examiner, ainsi que le point de fuite principal et les points de fuite à 45°, situés sur la ligne d'horizon.

Si l'on prolonge les arêtes inférieures *ba* et *cd* jusqu'au plan vertical, aux points b' et c', elles donneront des fuyantes en O; si on prolonge de même les arêtes supérieures projetées sur *ba* et *cd* jusqu'au plan vertical, aux points b'' et c'', elles donneront aussi des fuyantes en O. Il ne reste plus qu'à mener, par les sommets de la base inférieure, des lignes à 45° donnant des fuyantes en M et, par suite, la perspective ABCD de cette base, puis d'élever des verticales jusqu'à la rencontre des fuyantes b'' O et c'' O.

La deuxième perspective du cube a été obtenue par des constructions analogues aux précédentes.

Nom de l'établissement. PERSPECTIVE EXACTE Pl. XXX.

Mai. *Note et Visa du professeur.* Nom de l'élève.

PLANCHE XXXI

CLASSE DE HUITIÈME

GÉOMÉTRIE

Leçon. — Revision des planches XV et XVI.

Devoir. — Résoudre les problèmes suivants :

PROBLÈME I. — Un enfant est né le 23 avril 1875 à midi et il est mort le 26 mai 1877 à une heure de l'après-midi. Combien cet enfant a-t-il vécu d'années, de mois, de jours, d'heures et de minutes (l'année 1876 étant bissextile)?

PROBLÈME II. — Un câble ayant $128^m,75$ de long doit être enroulé sur l'arbre d'un treuil ayant 0,15 de rayon. Combien de tours ?

PROBLÈME III. — Les grandes roues d'une voiture ont $0^m,70$ de rayon, et les petites roues $0^m,48$. 1° Quelle est la circonférence des unes et des autres; 2° combien font-elles de tours dans un trajet de 4 kilomètres?

CLASSE DE SEPTIÈME

GÉOMÉTRIE

Leçon. — Un polygone quelconque étant donné, si l'on joint tous les sommets à un point de l'espace, on forme une *pyramide*.

La pyramide, en général, est donc un solide qui a pour base un polygone quelconque et pour faces latérales des triangles ayant le sommet commun et les bases situées sur le polygone de base.

Il y a autant de pyramides différentes que de polygones, c'est-à-dire une infinité. La plus simple est la pyramide *triangulaire*, qu'on appelle encore *tétraèdre*, parce qu'elle a 4 faces, y compris la base ; viennent ensuite la pyramide *quadrangulaire*, qui a pour base un quadrilatère, la pyramide *pentagonale*, etc.

La *hauteur* d'une pyramide est la perpendiculaire abaissée du sommet sur le plan de la base.

REMARQUE. — En général, on dit qu'*une droite est perpendiculaire à un plan, lorsqu'elle est perpendiculaire à toutes les droites qui passent par son pied dans le plan.*

Si l'on coupe une pyramide par un plan *parallèle* à la base, et non pas *quelconque*, comme dans le prisme, on a un *tronc de pyramide* ou une pyramide *tronquée.*

Une pyramide est *régulière* lorsqu'elle a pour base un polygone régulier et que la hauteur tombe au *centre* de ce polygone. Dans ce cas particulier, la hauteur est en même temps l'*axe* de la pyramide.

On démontre en géométrie qu'un prisme quelconque est triple d'une pyramide de même base et de même hauteur, d'où la règle suivante :

Le volume d'une pyramide droite ou oblique s'obtient en multipliant la surface de la base par la hauteur et en prenant le tiers du produit.

$$V = \frac{S \times h}{3}.$$

Soit proposé de calculer le volume, au-dessus des fondations, de la pyramide Chéops, dont la base est un carré de $232^m,75$ de côté et dont la hauteur égale 142 mètres.

$$\text{Surface de la base} = 232,75 \times 232,75 = 54172^{mq},56.$$

$$\text{Volume} = \frac{54172,56 \times 142}{3} = 2564167^{mc},840.$$

NOTA. — Ce volume est au-dessous de la réalité, car on sait que les pyramides d'Égypte sont formées de gradins à l'extérieur et qu'elles sont terminées par une petite plate-forme au lieu d'une pointe.

La surface totale d'une pyramide comprend la surface *latérale*, formée de triangles, plus le polygone de base.

Il ne faut pas confondre les hauteurs des faces latérales avec la hauteur de la pyramide. Cette dernière est généralement plus petite que les autres.

Devoir. — Rapporter sur copie les définitions, règle et formule, relatives à la pyramide, et résoudre les problèmes suivants :

PROBLÈME I. — Quel est le volume d'une pyramide quadrangulaire de $0^m,25$ de hauteur ayant pour base un carré de $0^m,25$ de côté.

PROBLÈME II. — Le volume d'une pyramide quadrangulaire ayant pour base un rectangle de 0,25 sur 0,17 est exactement de 3 décimètres cubes. Quelle est la hauteur de cette pyramide ?

A. BOURGUET.

Problème III. — Quelle est la surface totale d'un tétraèdre régulier formé de quatre triangles équilatéraux ayant 0,60 de base et 0,52 de hauteur?

DESSIN

PERSPECTIVE EXACTE

APPLICATIONS

1re Fig. — *Perspective cavalière d'un parallélipipède rectangle.*

Tout ce qui a été dit à propos du cube s'applique au parallélipipède rectangle. Seulement, dans ce dernier cas, la perspective cavalière cache une partie de l'image sur le tableau, ce qui augmente le nombre des lignes en points ronds et complique un peu la figure.

Prolonger les arêtes AB, CD, EF et GH jusqu'au tableau, et tracer des fuyantes en O'; prolonger de même les diagonales de la base inférieure jusqu'au tableau et tracer une fuyante en M et une autre en N; tracer successivement la perspective de la base inférieure, celle des arêtes verticales et celle de la base supérieure.

2e Fig. — *Projections de 3 parallélipipèdes rectangles.*

Il y a d'abord un parallélipipède rectangle isolé reposant sur le plan horizontal, à une petite distance du plan vertical, et ayant 2 faces parallèles à ce dernier.

Viennent ensuite deux parallélipipèdes rectangles égaux ayant une hauteur plus faible que le précédent, et placés l'un devant l'autre, de manière que les projections verticales se recouvrent mutuellement suivant le rectangle *k' k'' n' n''*.

On voit en outre que : 1° les arêtes verticales sont réduites à un point sur le plan horizontal, tandis qu'elles se projettent en vraie grandeur sur le plan vertical; 2° les arêtes perpendiculaires au plan vertical se réduisent à un point sur ce plan, tandis qu'elles se projettent en vraie grandeur sur le plan horizontal; 3° les arêtes de front, c'est-à-dire parallèles aux deux plans, se projettent en vraie grandeur sur chacun de ces plans.

Remarque. — Il est indispensable de se familiariser avec les plans de projection, et de voir, au-dessus de la ligne de terre, l'*élévation* ou la *projection verticale*, ou bien encore la *vue de face* des objets, et, au-dessous de la ligne de terre, le *plan* ou la *projection horizontale*, ou bien encore la *vue du dessus* de ces objets.

Si l'on dessine la façade d'une maison avec ses portes et ses fenêtres, on fait une projection verticale, une vue de face de cette maison.

Si l'on indique l'emplacement d'une maison sur le sol, on fait une projection horizontale.

Donc un objet quelconque peut toujours donner 2 vues ou 2 projections qui se complètent mutuellement.

Un dessin d'après la méthode des projections est moins frappant pour l'œil qu'un dessin perspectif, mais il est plus exact et plus utile dans la pratique.

Les architectes et les ingénieurs emploient principalement la méthode des projections.

Nous avons insisté sur les projections du cube et du parallélipipède, parce que, si elles sont bien comprises, tous les autres exercices de projection deviendront faciles.

3e Fig. — *Perspective exacte de 3 parallélipipèdes rectangles.*

Trois parallélipipèdes rectangles disposés comme les précédents, mais avec des dimensions différentes, ont été mis en perspective au moyen de constructions identiques à celles qui ont été employées pour le cube dans la planche précédente.

Remarquer que la ligne d'horizon est moins élevée que la base supérieure des solides.

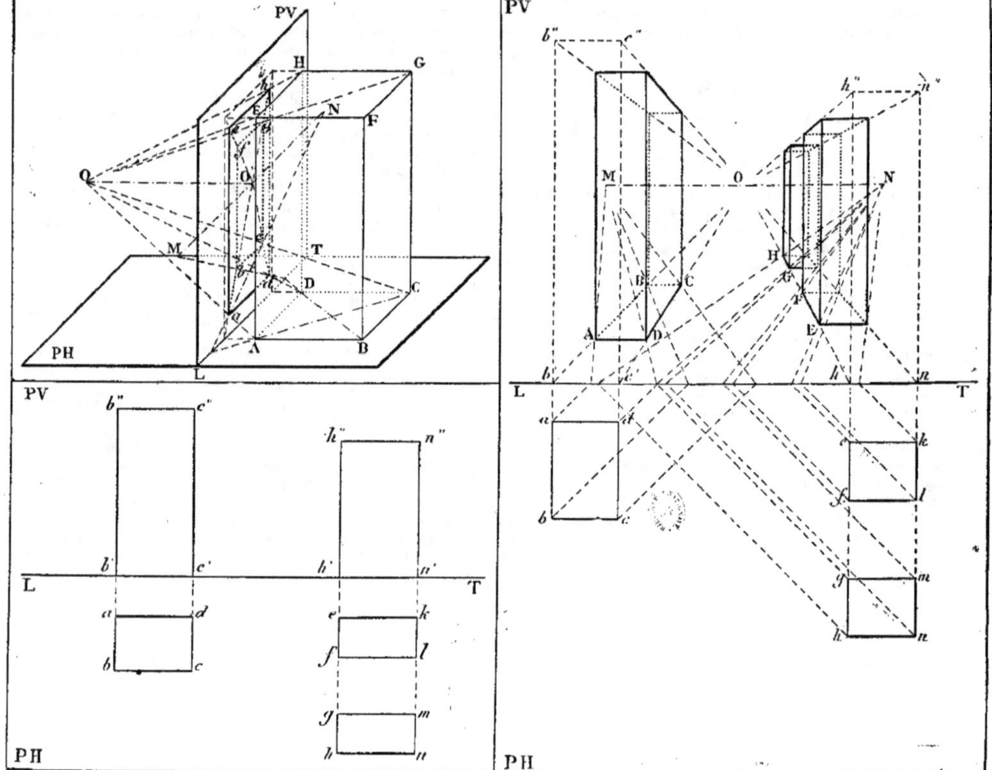
PV
H
G
N
F
O
M
T
D
C
A
B
PH
L
PV
b"
c"
h"
n"
b'
c'
h'
n'
L
T
a
d
b
c
e
k
f
l
g
m
h
n
PH
PV
M
O
N
B
C
A
D
H
G
E
L
T
a
d
b
c
e
k
f
l
g
m
h
n
PH

PLANCHE XXXII

CLASSE DE HUITIÈME

GÉOMÉTRIE

Leçon. — Revision des planches XVII et XVIII.

Devoir. — Résoudre les problèmes suivants :

PROBLÈME I. — Une grande roue porte 72 dents ayant une épaisseur de $0^m,06$ mesurée au pied des dents, avec des intervalles en même nombre ayant $0^m,065$ de largeur. 1° Quelle est la longueur de la circonférence extérieure de la jante ; 2° quel est le rayon ?

PROBLÈME II. — La roue précédente s'engrène avec un pignon qui n'a que 9 dents et qui fait 1200 tours par heure. 1° Quel est le rayon du pignon ; 2° combien la grande roue fait-elle de tours par heure et par minute ?

PROBLÈME III. — On enroule un fil sur une bobine ayant $0^m,035$ de rayon. Quelle longueur faut-il donner au fil pour faire 15 tours ?

CLASSE DE SEPTIÈME

GÉOMÉTRIE

Leçon. — Une circonférence étant donnée, si l'on applique en tous ses points une droite de longueur constante et qui reste parallèle à elle-même, on forme un *cylindre*.

Le cylindre est *droit* quand la droite génératrice est perpendiculaire au plan de la base ; il est oblique dans tous les autres cas.

Le cylindre ressemble à un prisme qui aurait un nombre infini de faces latérales et dont les bases seraient 2 polygones égaux ayant une infinité de petits côtés.

On dit aussi que le cylindre est un solide engendré par un rectangle tournant autour d'un de ses côtés.

Le volume d'un cylindre droit ou oblique s'obtient en multipliant la surface de la base par la hauteur du cylindre.

$$V = S \times h.$$

A. BOUGUERET.

On sait que la surface d'un cercle s'obtient en multipliant π par le carré du rayon. La formule précédente devient alors :

$$V = \pi \times r^2 \times h.$$

Soit proposé de calculer le volume d'un cylindre ayant $0^m,38$ de hauteur et 0,16 de diamètre.

$$\text{Rayon de la base} = \frac{0,16}{2} = 0,08.$$

$$\text{Surface de la base} = 3,1416 \times 0,08 \times 0,08 = 201^{cmq}.$$

$$\text{Volume} = 201 \times 38 = 7638^{cmc} = 7^{dmc},638.$$

La surface latérale d'un cylindre droit s'obtient en multipliant la circonférence de base par la hauteur du cylindre.

Cette règle ne s'applique pas au cylindre oblique.

Désignons cette surface par S_l, la hauteur par h, et le rayon de la base par r.

$$S_l = 2\pi \times r \times h.$$

Si l'on veut connaître la surface *totale* S_t, il faut ajouter les deux cercles de base à l'expression précédente.

$$S_t = 2\pi \times r \times h + 2\pi \times r^2.$$

Ainsi, dans l'exemple précédent, on obtient :

$$S_l = 2 \times 3,1416 \times 0,08 \times 0,38 = 19^{dmq},10.$$

$$S_t = 1910^{cmq} + 2 \text{ fois } 201^{cmq} = 23^{dmq},12.$$

Devoir. — Rapporter sur copie les définitions, règles et formules relatives au cylindre, et résoudre les problèmes suivants :

PROBLÈME I. — Quelle est la contenance en hectolitres d'un bassin circulaire ayant $66^m,66$ de diamètre et $1^m,50$ de profondeur (on sait que le décimètre cube équivaut au litre) ?

PROBLÈME II. — Un bassin circulaire contient $83^{mc},560$ d'eau et occupe une surface de 100 mètres carrés. Quelle est sa profondeur ?

PROBLÈME III. — Quelle est la surface totale d'un bâton cylindrique ayant 18^{mm} de diamètre et $1^m,15$ de longueur ?

DESSIN

PERSPECTIVE EXACTE

APPLICATIONS

1ʳᵉ Fig. — *Perspective d'un prisme hexagonal régulier.*

Le prisme repose sur le plan horizontal par sa base inférieure ; sa hauteur est donnée par la ligne $a'a''$, et l'on connaît la hauteur de la ligne d'horizon ainsi que les points de fuite O, M et N.

Projeter les sommets de la base inférieure sur la ligne de terre aux points a', b', etc., et ceux de la base supérieure aux points a'', b'', etc., à l'aide de perpendiculaires au tableau ; mener des fuyantes en O ; tracer des lignes à 45° par les sommets de la base inférieure jusqu'à la ligne de terre, puis des fuyantes en M, ce qui achève de déterminer la perspective de cette base ; par les sommets A, B, etc., tracer des verticales jusqu'aux fuyantes issues de a'', b'', etc., en employant des points ronds pour représenter les arêtes cachées.

N. B. — Pour la clarté du dessin, plusieurs lignes de construction ont été supprimées sur cette figure ainsi que sur les suivantes.

2ᵉ Fig. — *Perspective d'un tronc de prisme hexagonal.*

Le prisme précédent a été coupé par un plan perpendiculaire au tableau dirigé suivant la ligne $c'' d''$. La section est un hexagone irrégulier allongé dont la projection horizontale se confond avec l'hexagone régulier de base.

Déterminer la perspective de la base hexagonale comme dans la figure précédente ; par les sommets du polygone de section, mener au tableau des perpendiculaires qui rencontrent la ligne $c'' d''$, aux points c'', e'', d'', etc. ; puis des fuyantes c'' O, e'' O, d'' O, etc., enfin, par les points C, D, E, F, etc., de la base, tracer les arêtes verticales du solide en les limitant respectivement aux fuyantes de la section plane.

3ᵉ Fig. — *Perspective d'une pyramide hexagonale régulière.*

La pyramide repose sur le plan horizontal par sa base hexagonale ; son sommet se projette horizontalement au point s, centre de cette base, verticalement, au point s', sur une perpendiculaire à la ligne de terre et à une hauteur donnée.

Pour avoir la projection horizontale des arêtes latérales de la pyramide, il suffit de joindre le point s aux sommets de la base.

Déterminer la perspective de l'hexagone de base comme dans les figures précédentes, ainsi que le point O, pied de l'axe ; tracer la verticale OS jusqu'à la rencontre de la fuyante s' O, et joindre le point S aux sommets de la base.

4ᵉ Fig. — *Perspective d'une pyramide coupée par un plan.*

La pyramide précédente a été coupée par un plan perpendiculaire au tableau dirigé suivant la ligne $h'k'$. La section est un hexagone irrégulier allongé.

Pour avoir la projection horizontale de cet hexagone, on trace des perpendiculaires à la ligne de terre par les points h', k', l', p', etc., situés sur les arêtes $s't'$, $s'i'$, $s'v'$, etc., jusqu'à la rencontre des projections horizontales st, si, sv, etc., de ces mêmes arêtes.

Déterminer la perspective de la base hexagonale et celle de l'axe vertical OS, comme si la pyramide n'était pas coupée ; par les points h', l', p', k' de la section, mener des fuyantes en O ; joindre les sommets de la base au point S en limitant chaque arête à la fuyante en O qui lui correspond.

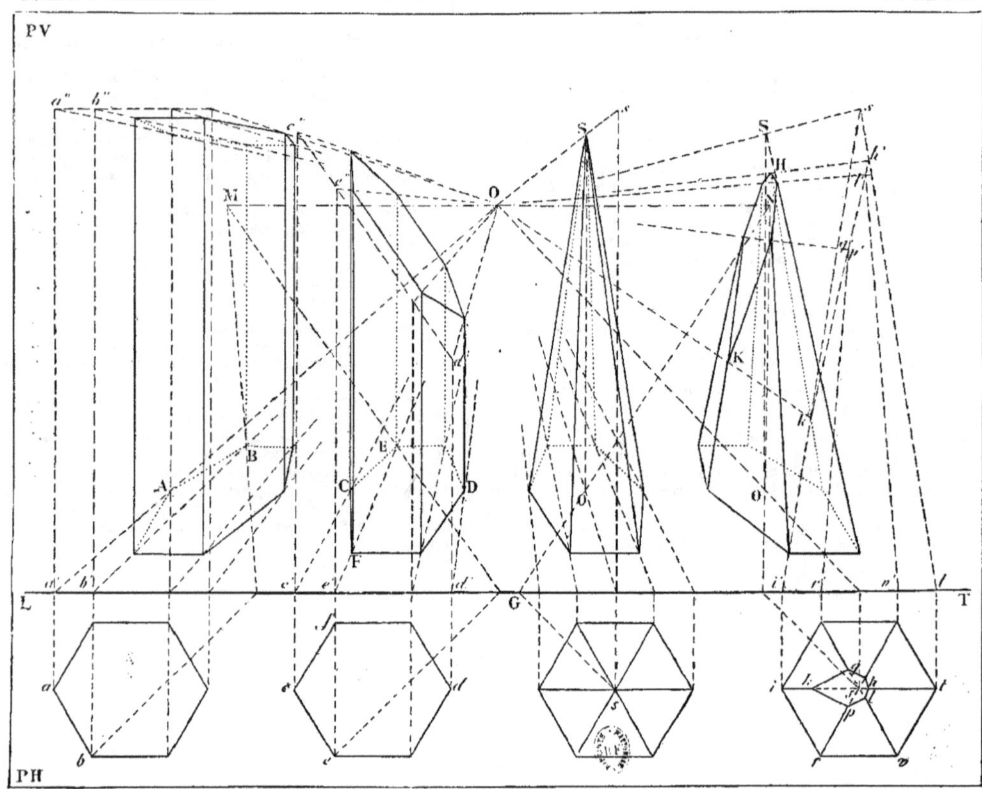
PV
PH
L
T
G
O
M
A
B
C
D
E
F
S
H
K

PLANCHE XXXIII

CLASSE DE HUITIÈME

GÉOMÉTRIE

Leçon. — Revision des planches XIX et XX.

Devoir. — Résoudre les problèmes suivants :

Problème I. — Sachant que la somme des angles d'un pentagone est égale à $(5 - 2) \times 2 = 6$ droits, que celle des angles d'un hexagone est égale à $(6 - 2) \times 2 = 8$ droits, celle des angles d'un heptagone, à $(7 - 2) \times 2 = 10$ droits, et ainsi de suite, on demande la valeur en degrés, minutes et secondes d'un angle de chacun des polygones réguliers depuis le pentagone jusqu'au décagone.

Problème II. — On forme sur un plan 10 lignes de chacune 15 pièces de 5 fr. en argent. 1° Quelle est la surface d'une pièce, le diamètre étant égal à 37^{mm} ; 2° quelle est la surface de toutes les pièces ; 3° quelle est la surface du rectangle circonscrit ; 4° quelle est la surface des intervalles compris entre les pièces ? (Faire une figure).

Problème III. — Combien pourrait-on placer de pièces de 5 fr. l'une à côté de l'autre sur un mètre carré, et quelle serait la surface non recouverte par ces pièces ?

CLASSE DE SEPTIÈME

GÉOMÉTRIE

Leçon. — Une circonférence étant donnée, si l'on joint tous ses points à un point quelconque de l'espace, on forme un *cône*.

Le point en question est le *sommet* du cône. Si ce point se trouve sur la verticale passant par le centre de la base, le cône est *droit* et cette verticale en est la hauteur. Dans tous les autres cas, le cône est *oblique*, et sa hauteur est la perpendiculaire abaissée du sommet sur le plan de la base.

Le cône ressemble à une pyramide ayant un très grand nombre de faces.

On dit aussi que le cône est un solide engendré par un triangle rectangle tournant autour d'un côté de l'angle droit. L'hypoténuse du triangle générateur engendre la surface *latérale du cône*, et l'autre côté engendre le cercle de base.

Si l'on coupe un cône par un plan parallèle à la base, on a un *tronc de cône* ou un cône *tronqué*. La section est un cercle d'autant plus petit que le plan sécant est plus rapproché du sommet du cône.

Le volume d'un cône droit ou oblique s'obtient en multipliant la surface de la base par la hauteur et en prenant le tiers du produit.

$$V = \frac{S \times h}{3} = \frac{\pi \times r^2 \times h}{3}.$$

Soit proposé de calculer le volume d'un cône ayant $0^m,09$ de diamètre et 0,14 de hauteur.

$$\text{Rayon de la base} = \frac{0,09}{2} = 0,045.$$

$$\text{Surface de la base} = 3,1416 \times 0,045 \times 0,045 = 63^{cmq},6.$$

$$\text{Volume} = \frac{63^{cmq},6 \times 14^{cm}}{3} = 296^{cmc},8.$$

La surface latérale d'un cône droit s'obtient en multipliant la circonférence de base par la moitié du côté, c'est-à-dire la génératrice.

En appelant a cette génératrice, qu'il ne faut pas confondre avec la hauteur du cône, et r le rayon de la base, on a :

$$S_l = 2\pi r \times \frac{a}{2} = \pi r a.$$

La surface totale est égale à la surface latérale augmentée du cercle de base.

$$S_t = \pi r a + \pi r^2.$$

Nous emploierons ces deux formules, dans le *Cours complémentaire*, lorsque nous saurons calculer la génératrice d'un cône, connaissant la hauteur et le rayon de la base.

Devoir. — Rapporter sur copie les définitions, règles et formules relatives au cône, et résoudre les problèmes suivants :

Problème I. — Quel est le volume d'un cône droit ayant $2^m,40$ de diamètre et $3^m,60$ de hauteur ?

PROBLÈME II. — Quelle est la hauteur d'un cône droit dont le volume est égal à 2^{dmc},150 et le rayon de la base à 0^{m},12 ?

PROBLÈME III. — Les trois côtés d'un triangle rectangle ont 5, 4 et 3 décimètres. On fait tourner ce triangle autour du côté de 4 décimètres. 1° Quel est le volume du cône engendré par cette rotation ; 2° quelle est la surface latérale ; 3° quelle est la surface totale ?

DESSIN

PERSPECTIVE EXACTE

APPLICATIONS

1re FIG. — *Perspective d'un cylindre creux.*

Le cylindre est droit et repose sur le plan horizontal, où il est représenté par 2 cercles concentriques; sa hauteur est donnée par la verticale $a'a''$; la surface intérieure est indiquée tout entière en pointillé.

Tracer des perpendiculaires au tableau par un certain nombre de points des deux bases, puis des fuyantes en O; tracer un certain nombre de lignes à 45° sur la base inférieure et déterminer la perspective de cette base, laquelle sera formée de 2 ellipses ; mener des tangentes verticales aux ellipses ainsi que d'autres verticales par différents points convenablement choisis, et limiter ces verticales aux fuyantes supérieures.

2° FIG. — *Perspective d'un tronc de cylindre creux.*

Le cylindre précédent a été coupé par un plan perpendiculaire au tableau, dirigé suivant la ligne $c'' d''$. La section se compose de 2 ellipses inégales ayant le même centre et dont la projection horizontale se confond avec les cercles de base.

Déterminer la perspective des cercles concentriques de base comme dans la figure précédente ; par différents points des ellipses de la section, mener au tableau des perpendiculaires qui rencontrent la section aux points c'', e'', f'', d'', etc., puis des fuyantes en O par les pieds de ces perpendiculaires; enfin, par les points C, D, E, F, etc., de la base, tracer des génératrices verticales extérieures et intérieures du solide en les limitant respectivement aux fuyantes de la section plane.

Remarquer que les points de tangence, c, e, f et d, des cercles de base avec les perpendiculaires au tableau donnent des points de tangence C, E, F et D des ellipses avec les fuyantes de ces perpendiculaires.

3° FIG. — *Perspective d'un cône creux.*

Le cône repose sur le plan horizontal, où sa base est représentée par 2 cercles concentriques, un cercle extérieur visible, en trait continu, et un cercle intérieur invisible, en points ronds. Le sommet se projette horizontalement au point s, centre des cercles de base, verticalement, au point s', sur une perpendiculaire à la ligne de terre et à une hauteur donnée.

Déterminer la perspective des cercles de base comme dans la figure précédente, ainsi que le point O, pied de l'axe; tracer la verticale OS jusqu'à la rencontre de la fuyante s'O, et mener des tangentes par le point S aux ellipses obtenues.

4° FIG. — *Perspective d'un cône coupé par un plan.*

Le cône précédent a été coupé par un plan perpendiculaire au tableau et dirigé suivant la ligne $h'k'$. La section se compose de 2 ellipses inégales et n'ayant pas le même centre.

Pour avoir la projection horizontale de ces ellipses, on commence par déterminer les deux grands axes hk et li, en abaissant des perpendiculaires à la ligne de terre par les points h', k', l' et i', situés sur les génératrices $s'p'$ et $s'q'$, jusqu'à la rencontre des projections horizontales sp et sq de ces mêmes génératrices. Pour avoir d'autres points des ellipses, on trace d'autres génératrices, par exemple, la génératrice $s'r'$, sr, qui donne le point $t't$.

Déterminer la perspective des cercles de base et celle de l'axe OS, comme si le cône n'était pas coupé ; par les points h, k, t, l, i, de la section, mener des perpendiculaires au tableau aux points h', k', t', l' et i', puis des fuyantes en O; joindre les points K, P, Q, etc., au point S, en limitant chaque ligne à la fuyante en O qui lui correspond.

Nom de l'établissement. PERSPECTIVE EXACTE Pl. XXXIII.

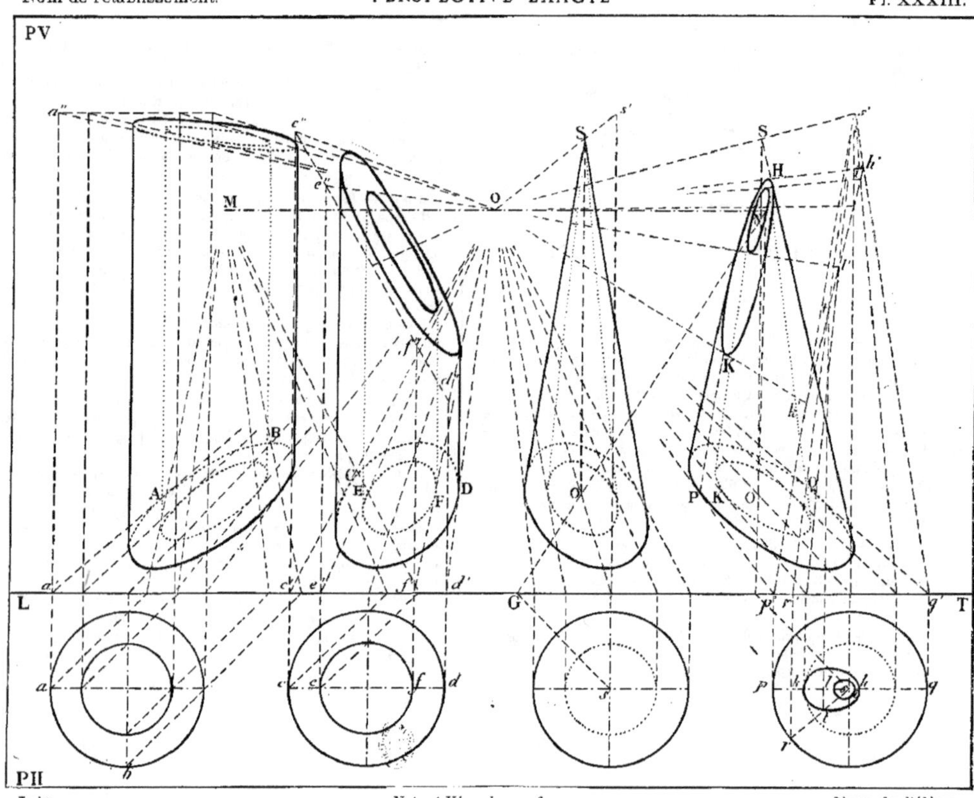

Juin. *Note et Visa du professeur.* Nom de l'élève

PLANCHE XXXIV

CLASSE DE HUITIÈME

GÉOMÉTRIE

Leçon. — Revision des planches XXI et XXII.

Devoir. — Résoudre les problèmes suivants :

PROBLÈME I. — Construire un rectangle 3 fois plus long que large et dont le périmètre soit égal à 180^{mm}. Calculer la surface de ce rectangle.

PROBLÈME II. — Le carrelage d'une pièce rectangulaire ayant $6^m,80$ de long a coûté 72 francs, à raison de 2 fr. 40 le mètre. Quelle est la largeur de cette pièce.

PROBLÈME III. — Un terrain triangulaire ayant $43^m,30$ de base a été acheté au prix de 45 francs le mètre carré et a coûté 24000 francs, y compris les frais d'acquisition, qui représentent 1/15 du prix total. 1° Quel est le prix réel du terrain; 2° quelle est la hauteur du triangle?

CLASSE DE SEPTIÈME

GÉOMÉTRIE

Leçon. — La *sphère* est un solide dont tous les points extérieurs sont également distants d'un point intérieur appelé *centre*.

On dit aussi que la sphère est un solide engendré par un demi-cercle tournant autour de son diamètre.

Quand on coupe une sphère par un plan quelconque, on obtient toujours un cercle pour intersection. Si le plan sécant passe par le centre de la sphère, on obtient un *grand cercle* ayant même rayon que la sphère.

SURFACES SPHÉRIQUES. — La *calotte sphérique* est la surface extérieure de la sphère limitée par un *petit cercle* tracé sur cette sphère.

Le *fuseau sphérique* est la surface comprise entre deux demi-grands cercles.

La *zone sphérique* est la surface comprise entre deux cercles parallèles tracés sur la sphère.

VOLUMES SPHÉRIQUES. — Le *segment sphérique* est la partie du volume de la sphère comprise entre deux plans parallèles et une zone. Il a pour bases les deux cercles, et pour hauteur la distance entre ces deux cercles.

Le *coin* ou *onglet sphérique* est la partie du volume de la sphère comprise entre deux demi-grands cercles et un fuseau.

Le *secteur sphérique* est un volume de forme conique qui a le centre de la sphère pour sommet et qui est engendré par un secteur circulaire tournant autour d'un diamètre. (Voy. Pl. XIII.)

La surface de la sphère est égale à 4 fois celle d'un grand cercle.

$$S = 4 \pi r^2.$$

Le volume de la sphère s'obtient en multipliant la surface par le rayon et en prenant le tiers du produit.

$$V = \frac{4 \pi r^2 \times r}{3} = \frac{4}{3} \pi r^3.$$

Soit proposé de calculer la surface et le volume d'une boule ayant $0^m,18$ de diamètre.

$$\text{Rayon} = \frac{0,18}{2} = 0,09.$$

$$\text{Surface} = 4 \times 3,1416 \times 0,09 \times 0,09 = 0^{mq},1018.$$

$$\text{Volume} = 0,1018 \times \frac{0,09}{3} = 0^{mc},003054^{cmc}.$$

Devoir. — Rapporter sur copie les définitions, règles et formules relatives à la sphère, et résoudre les problèmes suivants :

PROBLÈME I. — Calculer la surface et le volume d'une bille de billard ayant 0,064 de diamètre.

PROBLÈME II. — Quelle est la capacité d'un globe sphérique ayant $0^m,154$ de diamètre intérieur?

PROBLÈME III. — Une grille en fer est ornée de 60 sphères ayant 0,12 de diamètre et de 4 sphères ayant un diamètre quadruple du précédent. On fait dorer toutes ces sphères à raison de 1 fr. 25 le décimètre carré. Quelle est la dépense totale?

DESSIN

PERSPECTIVE EXACTE

APPLICATIONS

1re Fig. — *Perspective de deux arcades.*

Des arcades parallèles formées chacune de deux piliers surmontés d'une voûte demi-cylindrique sont parallèles au tableau, et deux d'entre elles sont appuyées contre ce tableau par une de leurs faces. Elles ont le même point de fuite O, situé en arrière du tableau.

Les deux faces appuyées sur le tableau y sont représentées en vraie grandeur et sans déformation, les autres faces sont d'autant plus réduites qu'elles s'éloignent davantage du tableau. Tous les demi-cercles des arcades étant dans des plans de front donneront des demi-cercles en perspective. Toutes les arêtes verticales des piliers resteront verticales en perspective. Il suffit donc de déterminer la perspective des centres des cercles et celle des bases des piliers.

Nous étudierons seulement les deux arcades de gauche.

Tracer l'axe c_1 C_1, situé sur le tableau, puis les fuyantes c_1 O et C_1 O sur lesquelles seront les extrémités des autres axes; déterminer la perspective des bases *a, b, d, e* et celle des points c_1, c_2, c_3, c_4, au moyen de fuyantes en O et en M; tracer des verticales par les pieds des axes situés sur c_1 O, jusqu'à la rencontre de C_1 O, ce qui donne les autres centres C_2, C_3 et C_4; par ces derniers points, mener des horizontales indéfinies sur lesquelles seront les perspectives des diamètres horizontaux; par les sommets des bases, mener des verticales jusqu'à la rencontre des horizontales respectives et décrire les demi-cercles.

2e Fig. — *Perspective d'un cube orné.*

Cette figure offre un exemple curieux de la déformation que peut produire la perspective.

Un cube repose sur le plan horizontal; il est appuyé contre le tableau et ses faces sont ornées par le dessin d'une tête de femme.

Le point de fuite principal est en O'; un des points de fuite des lignes à 45° est en N.

Construire la perspective du cube par la méthode connue; dessiner une tête de femme ou toute autre figure sur la face de front; décomposer cette face en petits carrés égaux au moyen de verticales et de lignes de front; déterminer la perspective de ces carrés sur les deux autres faces visibles du cube, puis tracer deux perspectives de la tête en faisant passer les courbes par des points semblablement placés.

PERSPECTIVE EXACTE

PV

O'

N

C4

C3

C2

C4

C1

C2

C3

C4

M

O

D

E

A

B

c1

a

c2

b

c1

c2

c3

c4

c3

d

c4

e

c4

PH

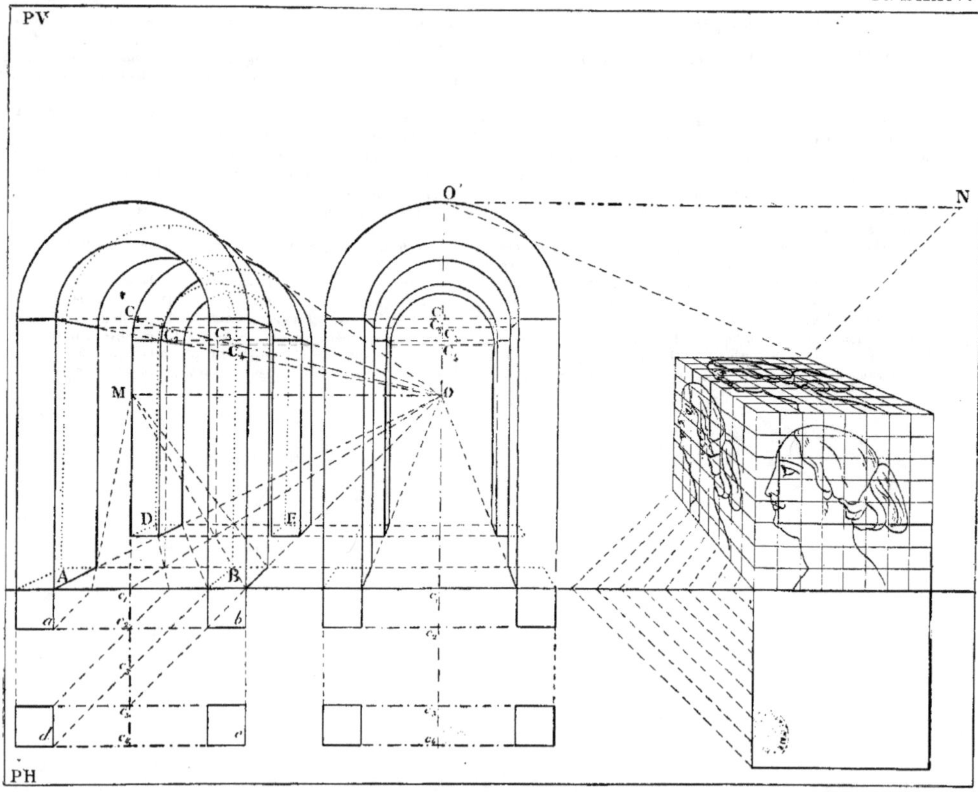

Juin.

Note et Visa du professeur.

Nom de l'élève.

PLANCHE XXXV

CLASSE DE HUITIÈME

GÉOMÉTRIE

Leçon. — Revision de la planche XXIII.

Devoir. — Résoudre les problèmes suivants :

Problème I. — Le balancier d'une horloge fait une oscillation complète (aller et retour) en 1",3, et l'amplitude de cette oscillation est mesurée par un angle de 25°40'. 1° Quel est le nombre d'oscillations en un jour ; 2° quel est le total des amplitudes ?

Problème II. — Sur une droite indéfinie, porter successivement 10, 12, 7 et 15^{mm} ; par les points obtenus, tracer au-dessus de la droite, des perpendiculaires ayant respectivement 15, 16, 17, 18 et 25^{mm} ; prolonger, au-dessous de la ligne, ces perpendiculaires de longueurs égales ; joindre les extrémités 2 à 2 en haut et en bas, et calculer la surface des quatre trapèzes obtenus, ainsi que la surface totale.

Problème III. — Quelle serait la largeur d'un rectangle qui aurait une surface égale à celle des trapèzes du problème précédent et qui aurait une longueur égale à la somme des longueurs portées sur la droite indéfinie ?

CLASSE DE SEPTIÈME

GÉOMÉTRIE

Tableau synoptique du cours de Géométrie suivi pendant le 2e semestre.

Pl. XXIV. — 1° *Anciennes mesures de longueur.*

Unité : toise = 1^{m},95.
Toise = 6 pieds.
Pied = 12 pouces.
Pouce = 12 lignes.
Ligne = 12 points.
Perche = 18 ou 22 pieds.
Lieue de poste = 2000 toises.

Lieue géographique = 2280t,33.
Lieue marine = 2850 toises.
Mille marin = 1/3 de la lieue marine.
Brasse = 5 pieds.
Nœud = 1/120 du mille marin.

2° Le *cube* est un solide composé de 6 faces carrées, 12 arêtes, 12 angles solides dièdres et 8 angles solides trièdres.
Problèmes numériques et graphiques.

Pl. XXV. — 1° *Anciennes mesures de surface.*

Unité : toise carrée = 3^{mq},80.
Toise carrée = 36 pieds carrés.
Pied carré = 144 pouces carrés.
Perche carrée = 344 ou 484 pieds.
Arpent des eaux et forêts = 100 perches de 484 pieds.
Arpent de Paris = 100 perches de 344 pieds.

2° Si l'on remplace les faces du cube par des rectangles ou des parallélogrammes, on a un parallélipipède.
Problèmes numériques et graphiques.

Pl. XXVI. — *Mesures de volume.* — L'unité des mesures de volume est le mètre cube. Il n'a pas de multiple. On démontre facilement que le mètre cube vaut 1000 décimètres cubes, le décimètre cube 1000 centimètres cubes et le centimètre cube 1000 millimètres cubes.
Problèmes numériques et graphiques.

Pl. XXVII. — *Mesures pour le bois de chauffage.* — L'unité employée pour mesurer le bois de chauffage est le mètre cube, qui prend alors le nom de stère. Il y a encore le double stère, le quintuple stère, le décastère et le décistère. Mesures effectives pour le bois de chauffage.
Problèmes numériques et graphiques.

Pl. XXVIII. — *Cube et parallélipipède.* — Le volume d'un cube s'obtient en faisant le cube de son arête. La surface totale d'un cube est composée de 6 carrés égaux.

Le volume d'un parallélipipède s'obtient en faisant le produit des trois dimensions : longueur, largeur et hauteur. La surface totale d'un parallélipipède est formée de 6 rectangles, ou de 6 parallélogrammes égaux.
Problèmes numériques.

Pl. XXIX. — *Parallélipipède.* — Si l'on connaît le volume et 2 dimensions d'un parallélipipède, on obtient la 3e dimension en divisant le volume par le produit des deux dimensions connues. Formules.

Problèmes numériques.

Pl. XXX. — *Les prismes.* — Un prisme est un solide qui a pour base 2 polygones égaux et parallèles, réunis par des rectangles ou des parallélogrammes. Prisme droit, prisme oblique, tronc de prisme. Le volume d'un prisme droit ou oblique, s'obtient en multipliant la surface de la base par la hauteur. Surface latérale et surface totale d'un prisme.

Problèmes numériques et graphiques.

Pl. XXXI. — *Les pyramides.* — Une pyramide est un solide qui a pour base un polygone quelconque dont les sommets sont réunis à un point commun appelé le sommet de la pyramide. Pyramide droite, pyramide oblique, tronc de pyramide. Le volume d'une pyramide droite ou oblique s'obtient en multipliant la surface de la base par la hauteur et en prenant le tiers du produit. Surface latérale et surface totale d'une pyramide.

Problèmes numériques.

Pl. XXXII. — *Cylindre.* — On peut considérer un cylindre comme un prisme ayant un très grand nombre de faces. Règles analogues à celles données pour le volume et la surface des prismes.

Problèmes numériques.

Pl. XXXIII. — *Cône.* — On peut considérer un cône comme une pyramide ayant un très grand nombre de faces. Règles analogues à celles données pour le volume et la surface des pyramides.

Problèmes numériques et graphiques.

Pl. XXXIV. — *Sphère.* — La sphère est un solide dont tous les points sont également distants d'un point intérieur appelé centre. Grands cercles et petits cercles de la sphère. Calotte, fuseau et zone sphériques. Segment, onglet et secteur sphériques. La surface d'une sphère est égale à 4 fois la surface d'un grand cercle. Le volume d'une sphère s'obtient en multipliant la surface par le rayon et en prenant le tiers du produit.

Problèmes numériques et graphiques.

DESSIN

PERSPECTIVE EXACTE

APPLICATIONS

Pour terminer ces exercices de perspective, nous allons considérer 3 façades de bâtiment absolument identiques, situées de la manière suivante : la première est appliquée contre le tableau, où elle se projette en vraie grandeur; la deuxième est perpendiculaire au tableau, et la troisième est encore une façade de front, située à une certaine distance du tableau.

Ces trois façades se composent simplement d'un mur vertical ordinaire, avec un chainage en pierre de taille sur les arêtes verticales, et d'une porte en pierre de taille, surmontée d'une lucarne et précédée d'un perron à 2 marches.

L'épaisseur des murs est indiquée par des hachures. La projection horizontale du bâtiment et la première façade sont représentées à l'échelle de 1/50 ou 2 centimètres pour mètre. Enfin, le point de fuite principal est en O, et l'un des points de fuite des lignes à 45° est en N.

Construire la première façade en vraie grandeur ainsi que le perron et les joints des pierres sur les arêtes verticales ; par les points de division de l'arête verticale AB, mener des fuyantes en O; déterminer le point C, perspective du pied de l'arête formant l'encognure au point c, à l'aide de la ligne à 45° cd et de la fuyante d N; tracer la verticale CE et, par les points de rencontre avec les fuyantes en O, mener des horizontales représentant les lignes de front de la troisième façade ; déterminer de la même manière la perspective des verticales situées aux points f, h, p, r_1, r_2, etc., et achever les constructions.

Pour le tracé des traits de force, on suppose que la lumière vient dans la direction indiquée par les flèches sur le plan horizontal et sur le tableau.

Nom de l'établissement. PERSPECTIVE EXACTE Pl. XXXV.

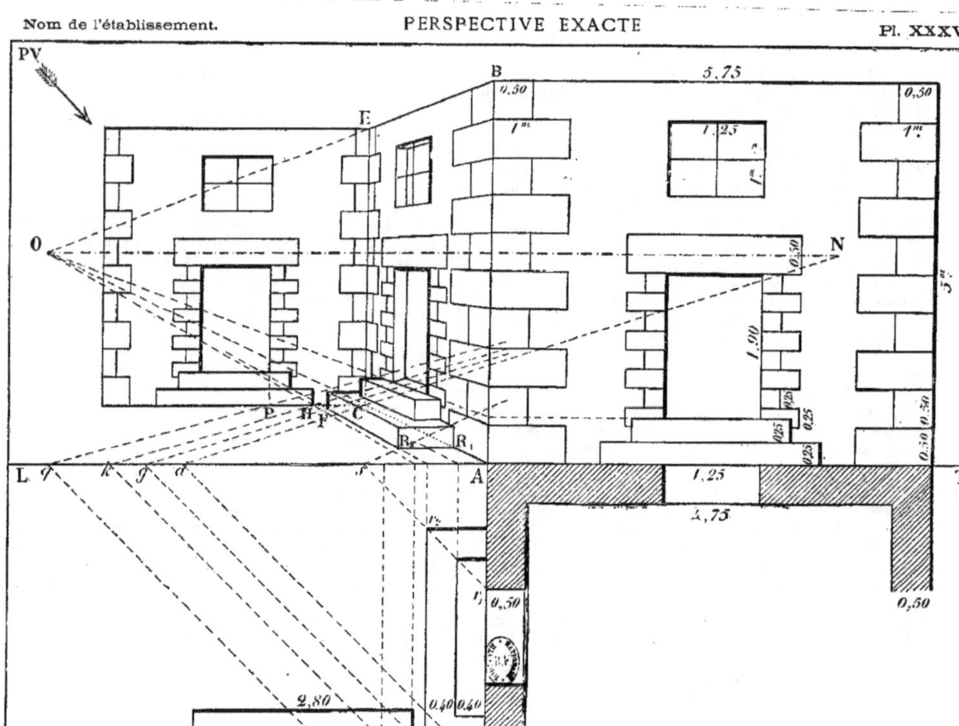

Juin. *Note et Visa du professeur.* Nom de l'élève.

www.ingramcontent.com/pod-product-compliance
Lightning Source LLC
LaVergne TN
LVHW050455160826
845677LV00003B/788

* 9 7 8 2 3 2 9 6 6 3 2 9 6 *